星際傳訊STA11301

解密外星人 DNA

生化博士 江晃榮 著

四大天王推薦

台灣飛碟學會理事長黃朝明、世界文化史博士睦澔平
歷史學家周健、占星協會創始會長星宿老師林樂卿

目次

人、類人類、外星生物的前世今生

歷史學者　周健

　　研究幽浮學與地外文明，可擴大認知的範圍，雖然可能對傳統的價值觀帶來衝擊，但應更接近宇宙的實相，並反思人類文明的層創進化有無方向和價值，理應具有正面的意義。幽浮、外星生物、地外文明乃世紀之謎，目前只捕捉到孤立的點，尚未拼湊出完整的線與面，故不宜遽下結論。

　　幽浮現象與靈異現象常混為一譚，兩者的界限如何區隔？抽象的觀念世界與具體的現象世界，何者較具主體性？超自然現象泛指科學原理無法理解者，但仍涵蓋在自然界之內。某些宗教強調造物主是在時間與空間之外的「存在」，但已超出人類的想像。

　　本書論述的主題甚為廣泛，茲選擇重點分析之。外星生物的 DNA 跟人類有無異同？每個星球的自然條件各異，制約生命的型態。人人皆以自我為中心，醜化外星生物如流涎的章魚，但至今仍無實證。彼等有無靈魂？有無宗教信仰？有無政府體系？有無家庭組織？凡此種種皆為「大哉問」。

　　地球表面的云云眾生，竟日深陷在為生活打拼的泥淖裡，很少抬頭觀天。殊不知天文現象影響咱們的身心極鉅，人人均為「宇宙之子」，即人體「小宇宙」，實為「大宇宙」的縮影。

　　天人感應並非怪力亂神，異象見諸世界各地，許多與宗教信仰有關。眾神可能是來自高度文明，具有特異功能的高等生物。如復活的能力，絕非圓顱方趾的人類所能擁有。遠古時代的人類跟地外文明的「類人類」皆出現「萬歲爺」，人類至耄耋之年，不論美醜皆相似，若能活到千年，甚至萬年，將不知會呈現何種面目？

　　自然的超自然主義（natural supernaturalism），泛指無機的物質世界背後，似乎存在無形的宰制力量。從少子化的現象聯想到，若世界只剩下一人，而擁有全世界的結局就是發瘋。

　　若憑常識判斷，大腦應為發號施令的中心，但在原始人的岩畫中，均將武器刺入心臟，而非刺入大腦，代表死亡。心臟似乎也有思考能力，而飢腸轆轆，是否是從腸子發出飢餓的訊息？生命的奧秘令人嘖嘖稱奇，其實所有的細胞均儲存大量的記憶密碼。器官移植雖屬善事一椿，但性格應該會改變，故惡性重大的犯人，欲在伏法之後，捐贈有用的器官，卻乏人問津。

　　植物也會互通訊息，只是跟咱們的世界「天人永隔」。樹齡較長的木本植物，似乎靈性較高，不可任意傷害。比對宣稱曾經到過外星的地球人的描述，均未提到地外行星有植物生長，不知那些星球大氣層的成分為何？回憶小學時期曾背誦生命三大要素：陽光、空氣、水，至今確知只要有水（不論液態或固態），即可能有生命的存在，而陽光和空氣並非充足條件，如在黑暗的洞穴裡仍有生命存活。

　　中國傳統的堪輿學，乃堪天輿地之學，俗稱風水，不知其理論是否

放諸宇宙而皆準？地外文明不時介入地球歷史發展的軌跡，並對生物進行基因改造，故某些生物的延續和滅絕，必須符合外星生物的利益，「順我者昌，逆我者亡」，不帶一絲憐憫的情懷。

「性相近，習相遠」（《論語·陽貨》），即使基因相近的生物，性格的差異性亦極大。「求同存異，異中求同」，可運用在海峽兩岸關係，甚至與外星文明的關係上。令人好奇的焦點，在外星生物對人類和地球文明到底有何企圖？

地外文明只提到直立狀人形生物，卻未出現其他的動物，似乎過於單調。高科技生命的人格特質，是喜怒哀樂不形於色。從外星生物的外觀上，無法判斷性別和年齡，大概是生化人或機器人，堪稱「中性人」。在人類的社會，家庭是骨幹，但在外星，不知是否有家庭的存在？對社會的層階組織幾乎一無所知。

各國政府基於國家利益，將相關的訊息有意鎖碼，撲朔迷離，蠱惑人心。政府是主要的假新聞製造中心，如最吸引眼球的羅斯威爾事件，暴露美國官方一直在說謊，若透露些許敏感的內幕，則冒著會被神秘「做掉」的危險，「美式民主」真的是值得「見賢思齊」的萬靈丹嗎？

真正操控世界的影舞者焉在？馬克斯指出是財團，政治人物不過是財團的傀儡而已。拿破崙曾言，戰爭就是要錢，錢，錢。民主政治以實施選舉而自傲，但專制國家也有選舉。馬克斯認為社會下層結構的改變，會影響上層結構。

事實上，主宰全球事務者，只是少數的菁英分子及其秘密會社組

織。「上帝的選民」（Chosen People）——猶太人，囊括諾貝爾獎 1/5
的得獎者，亦為天下第一。猶太人是少數之中的少數，但影響力卻是世
界第一，因人口小國、面積小國≠政治小國。

　　結黨營私是人的天性，如此才有歸屬感。德國人是集體主義的代
表，全國竟有六十餘萬各式各樣的俱樂部，假如不參加某些俱樂部，會
被他人以異樣的眼光打量。法國人則是個人主義的代表，若不讓爺兒們
度假，則會去搞革命。陰謀論無所不在，自三代以降，政治人物的死亡，
幾乎均會出現陰謀論。

　　聯合國教育科學文化組織（UNESCO）所審定的世界遺產之中，以
文化遺產為大宗，其中尤以建築最多。中國共產黨在 1949 年建政之後，
成立中國科學院、中國社會科學院和中國工程院，選舉學部委員，後稱
院士。各位朋友，是否注意到，何以要成立中國工程院？

　　上古時代各行各業的工匠之中，以石匠最特殊，彼等修築神廟、教
堂、金字塔，不僅受人尊敬，尚被視為是做功德，享有崇高的清譽。而
由工匠所組成的非開放性社團，至今仍主導國際大事，白種猶太人為其
中的佼佼者。

　　共濟會（Freamasons）乃非政府組織（NGO），是全球最大的封
閉性社團，又名自由建築師同盟（自由石匠盟會，Free and Accepted
Masons），禁止女性入會，又分為古典共濟會和現代共濟會，前者係建
造巴貝爾塔（Tower of Babel）、所羅門聖殿和金字塔的石匠所組成，其
始祖 Hiram Abiff，被工匠殺害，埋在青銅墓中，後再度復活（耶穌的

復活並非唯一的個案）。

後者係 1717 年 6 月 24 日，在英國倫敦成立，目標在以經濟駕馭政治，英美菁英家族主宰全世界，採用古埃及與古希臘的秘密儀式，以及十字軍與聖殿騎士團的教義。

光明會（Illuminati）於 1776 年 5 月 1 日，在德國巴伐利亞邦成立，莫差爾特、歌德、席勒入會，尋求社會的公平與自由，信奉自然神教（Deism）與共和主義，推崇理性主義，反抗宗教。

今日的維基百科和臉書的幕後主宰均是猶太人。共濟會也是由猶太人主導，希特勒為「淨化地球」，口頭交代種族滅絕（genocide）猶太人，乃目睹這些現狀，試圖由日耳曼人取代猶太人，成為優等主人（Herrenvolk），以稱霸世界。不論基督教、天主教和伊斯蘭教，部分跟納粹沆瀣一氣，出賣猶太人，進而侵占猶太人的財富。

三大猶太系統的金融家族：羅斯希爾德（Rothschild）（「國際金融業之父」，總資產達 50 兆美元，控制黃金市場），摩根（Morgen），洛克斐勒（Rockefeller）。企圖建立世界新秩序，全球一體化，統一貨幣，將人類晶片化和數位化。最駭人聽聞者，傳言有一安格魯・薩克遜計畫，試圖消滅中國人，並減少世界 2/3 人口。

財團縱橫四海，吃香喝辣，不擇手段，掠奪財富。不信鬼神，當信因果，歷代首富的大名，閣下知道多少？家產萬貫的巨商大賈，有時到第二代就沒落，其後人也淪為尋常百姓。

坊間盛傳，美國有影子政府（shadow government）的存在，係由情

治單位（CIA、FBI、國家安全局、軍方）組成，在某些事務上隱瞞白宮，美其名曰「為國家利益著想」，即使貴為位高權重的美國總統也被蒙在鼓裡。彼等掌握有關幽浮的機密檔案，決定何種資訊「允許」或「不允許」公開。因為許多祕密將被帶進墳墓，連上帝都無權知道。

吾人憑感官功能認知的世界，是不是真實的世界？具有天眼通、靈異體質者，對宇宙的觀點異於常人。直覺力（第六感）強者，可以在天災發生之前就已預知？彼等從何處接到訊息？

中國上古時代的道家學說，具有現代性（modernity），法國啟蒙運動的思想家盧梭，主張回歸自然（retournez, a la nature）的自然主義（naturalism），認為人生而自由，但枷鎖無所不在。道德是內在的法律，法律是外在的道德。泛道德主義固不可取，而無道德約束，會出現人慾橫流的禽獸社會。政客多來自畜生道惡靈的投胎，理應跟一班百姓區隔。

達爾文主義（Darwinism）本為價值中立的生物學學說，但社會達爾文主義（Social Darwinism）借題發揮，成為西方帝國主義（imperialism）胡作非為的理論基礎。而「物競天擇」、「弱肉強食」，成為琅琅上口的日常用語，英文應譯為最適者生存（survival of the fittest），最強者生存（survival of the strongest），再加上最幸運者生存。

詮釋已經消失在遙遠時空之中的生命現象，殊非易事，升斗小民最熟悉的恐龍已成日常用語，如：「恐龍法官」、「恐龍家長」。輓近，出現恐龍的吼叫聲，並非像電影中的描繪，而許多恐龍身上有羽毛（非

鳥類），並非毛髮，顛覆傳統的看法。

造山造陸運動，隕石撞擊，滄海桑田，天翻地覆。凡是能存活的生物多少要靠運氣，目前是第六次大滅絕的正在進行式，未來能遺留那些生物，不得而知。或許，被人類視為神明的外星生物，會及時出手拯救人類，穩坐救世主的寶座，而眾神步下神壇，解除魔咒之後，吾人才會驚醒，各大宗教的教義不過是欺世盜名的騙局而已。

生命與人類的起源，堪稱亙古的謎中之謎（enigma in an enigma）。演（進）化論（evolutionism）、創造論（神創論、天地創造說、靈魂創造說，creationism）與遷移論（migrationism），均各自成理，亦有部分重疊，並非完全對立。

人的雙腳無法彎曲抓住樹幹，猿猴走路時，無法長期保持直立狀，不時四肢著地，需爬行一段。美國人以「美式民主」體制自傲，戮力向世界各國推銷，以為人間天堂應美國為範本，殊不知各國均有紅線不可觸犯。

至今美國仍有部分的州政府查禁《哈利波特》（包括小說與電影），因該書強調魔法，跟基督信仰牴觸，實則教會遮掩太多的祕密，不願曝光，擔心會削弱教會的權威。

講授生物學的教師，如果在課堂上闡述演化論的份量，凌駕創造論之上，則會冒著被教會和家長投訴的風險，教會的黑手無所不在，美國真的是自由民主的國家嗎？

創造論無法解釋何以新的物種不斷出現，造物主會不會過勞死？演

化論也無法詮釋，何以某些生物的生理結構並未隨外在環境的巨變而改變（如：蟑螂）。比對兩種理論，在生物蛻變的歷史流程上，實有重疊之處。

唯獨人類與猿、猴的關係糾纏不清，著名的缺失的連環（missing link），指從猿進化至人之間，尾巴應逐漸退化，脊椎骨的尾端似乎有尾巴的殘跡。

複製人（human cloning）、人工智能（AI）已侵入上帝的領域，假如人類毫無上限賦予機器人自由意志，甚至思考能力，人類恐怕將成為受造物的奴隸，科幻作品的情節可能成真。

知識是人類共同擁有的資產，學術研究的意義在「增進人類全體之生活」（蔣介石），而研究幽浮學的價值，除可提升科技水準之外，當深切反思人在宇宙中的地位。凡是有機物，甚至無機物，均「無所逃於天地之間」，人打拼一輩子，所能留下的痕跡實不足為道。

「最完美的理想是批評實際的標準」（蘇格拉底），追求真理，永無止境。「你們必曉得真理，真理必叫你們得以自由」（《聖經》新約全書：約翰福音：八：31~32），但審判耶穌的羅馬總督比拉多曾詢問「什麼是真理？」

萬物一出生，就被自然律（law of nature）判處死刑，人人皆是死刑犯，死亡即是服刑期滿。吾人戲曰：活著即是作夢，死亡即是夢醒了，誠哉斯言。雖然「萬事到頭一場空」，但「不在乎天長地久，只在乎曾經擁有」，正因為有死亡存在，才彰顯活著就是幸福。在戰亂時期，離

婚率和自殺率均會下降，因好死不如歹活，人在福中不知福。

　　二十一世紀已消失 1/5，世界的動亂依然層出不窮，自稱可隨時跟上帝溝通的傳教士，是否可請教上帝，人類與世界何去何從？基因改造已違反自然律，將來會出現難以想像的怪物，或許充斥半人半獸怪物的上古時代又將重現。「多行不義必自斃」（《左傳·隱公元年》），大自然的反撲有時會帶來致命的毀滅力。

　　「天下本無事，庸人擾之為煩耳」（《新唐書·陸象先傳》），「為賦新詞強說愁」（辛棄疾〈醜奴兒·書博山道中壁〉）。人類的創造力無上限，亦無下限，但已逐漸侵入上帝的領域，假如吾人能創造生命，上帝將成為無業遊民。

　　道德與法律的約束力，常跟不上社會的變遷和科技突飛猛晉的速度。AI 和 ChatGPT 氾濫成災，人的主導性將受到侵蝕，科學怪人（Frankenstein's monster）再現，末日（世）論（eschatology）恐將成真。真實與虛幻世界的界限將日益模糊，看山不是山，看山還是山。到頭來會懷疑我是否真正存在，至於思考「人生有無意義」的本身，似乎根本就無意義。

尋找外星密碼，改變正在開始

台灣飛碟學會理事長　黃朝明

　　對於 UFO 社團和研究人員來說，2024 年是個翻轉的年代！近年來風起雲湧，令人意想不到的發展完全顛覆和改變了過往的生態。

　　2024 年 1 月 8 日，美國加州的查普曼大學（Chapman University）教授克里斯托弗·巴德博士（Dr. Christopher Bader）在發表的一篇報導中對《華爾街日報》就表示：「我們正生活在一個分水嶺時刻。」他補充說，美國國會關於外星生命的聽證會「已經使 UFO 的討論合法化，這幾乎是前所未有的」。

　　一些外星迷終於可以走出了陰影，「我們不再是那些戴著錫紙帽子（Tinfoil Hat）的人了」，不再被嘲笑！不再被當作是陰謀論者！

　　這種改變的歷程可以回朔到 2022 年 7 月，美國國防部成立「全域異常現象解析辦公室」（All-domain Anomaly Resolution Office，縮寫AARO），並且將「不明飛行物體」（UFO），正式改為「不明空中現象」（UAP），術語的改變也意味著，將不明異常現象的探索，擴大到海陸空、太空等地區。

　　2023 年 5 月，美國國會 54 年來首次舉行 UFO 聽證會，美國國防部主管情報與安全事務的副部長羅納德·莫特里（Ronald Moultrie）、美國海軍情報局副局長史考特·布雷（Scott Bray）出席，表示 UFO 現

象真實存在，但有許多現象仍然超出政府的解釋能力。

　　同年 5 月底，NASA 開直播，舉行長達 4 個多小時的 UFO 公開會議，主要的負責人、物理學家一字排開，這是 NASA 對 UFO 現象進行研究數十年以來，首次嚴肅地向公眾談論 UFO 議題，展示該機構的調查結果，雖然美國國防部 AARO 辦公室主管肖恩‧柯克帕特里克（Sean Kirkpatrick）稱他們所收集的目擊現象當中「真正可能屬於異常」的只佔整個數據庫的 2% 至 5%，但 NASA 面對議題的態度與過去截然不同。BBC Future 專欄編輯理查德‧格雷（Richard Gray）報導說，UFO 現象長久以來都被污名化，很多人不認為它應該屬於理性科學研究的範疇，但是 NASA 的會議清楚表明，現在它要認真對待這一課題，顯示科學界越來越願意公開、如實地談論外星生命的可能性。

　　7 月，美國國會眾議院召開 UFO 聽證會，3 名退役軍人在聽證會上就 UFO 現象作證，他們是在美國空軍服役了 14 年的國家地理空間情報局（National Geospatial-Intelligence Agency, NGA）前情報官員大衛‧格魯什（David Grusch）、在美國海軍服役十多年的前 F-18 飛行員瑞安‧格雷夫斯（Ryan Graves），以及在海軍第 41 戰鬥攻擊機中隊退役指揮官大衛‧弗拉沃爾（David Fravor），格魯什作證指出，美國政府可能自 1930 年代以來，執行了數十年回收不明飛行物體的計畫，並且進行逆向工程，還發現過「非人類」飛行員遺骸。弗拉沃爾坦言，我們面對的技術，比我們擁有的任何技術都要先進得多。他們警告，UFO 目擊事件涉及飛行與國家安全問題，但美國政府對此過度保密，他們呼籲國

會推動相關立法，增加對 UFO 現象研究的支持及透明度。

官方的連串動作，跟著是輿論的帶動，原來極少報導 UFO 新聞的主流媒體更是闢出大篇幅版面披露各種 UFO 相關的新聞和目擊事件，根據 YouGov 和 Newsweek 的民意調查，人們對外星生命懷疑態度正在下降，到 2022 年，34% 的美國人相信 UFO 可能是外星飛船，或是由非人類生命形式所控制的航行器，這個數目在 1996 年只有 20%。而到 2023 年 7 月，根據益普索（Ipsos）民調相信 UFO 存在的美國人更高達 42%。最新的民調由 RealClear 在上個月進行，得出的結果是在受訪者中，有高達 56.9% 的美國人相信有外星人。

除了這樣的正向發展，學院和大學注意到大眾對 UFO 日益增長的興趣，除了英國愛丁堡大學（The University of Edinburgh）早在 2012 年就開設搜尋外星人課程招收學員，近期密西根大學（University of Michigan）也在線上課程加入「UFO：掃描天空」的科目，而且有一些大學準備跟進。

更多的爆料伴隨而來，數目多得驚人，數名匿名人士披露，自 2003 年以來，中情局下屬的全球訪問辦公室（Office of Global Access, OGA）便一直在協助美國政府從事全球各地的墜毀 UFO 回收工作，目前已經回收了至少 9 艘「非人類製造飛船」，其中有 2 艘還完好無損。一名國防航空承包商埃里克・泰伯（Eric Taber）向 AARO 作證，他已故、生前在 51 區擔任承包商的叔公薩姆・厄克特（Sam Urquhart）告訴他，中情局在沙漠中發現了一艘奇怪的飛船，它是如 SUV 休旅車大小的金

屬蛋形 UFO，中情局將它交給他們進行調查，但後來因為他們無法進入該物體內部，於是中情局將它運到另一個基地，這架飛船光滑無縫，具金屬質感，銀灰色，沒有控制面，沒有襟翼，沒有進氣口，沒有排氣口……。

上個月，國會通過立法，要求國家檔案館公布有關 UFO 的記錄，據《紐約時報》報導，UFO 解密措施將被納入年度國防開支法案，這項法案預計將由拜登總統簽署成為法律，要求檔案館披露在其制定後 25 年內尚未向公眾發布的任何內容，雖然眾議院通過的該法案版本遠沒有其支持者所希望的廣泛，而且信息如果被確定為事關國家利益，都可以保持隱藏狀態，然而國會已邁出一大步，未來更透明化是可以期待的。

關心國際 UFO 事件的發展，尋找外星生命跡證一直是我們 UFO 研究人員注目的課題，NASA 一面聲稱迄今未發現外星生命存在的跡證，而美國政府一面又不願意公開關於 UFO、外星生命檔案，這中間存在了太多的矛盾和隱密，掩蓋只會讓外界增加猜疑，讓所謂的陰謀論持續發酵！

外星人在哪裡？外星人到底從哪裡來？跟人類會有甚麼不同？根據目前的科學認知，外星人擁有與人類相同 DNA 的機率極低，DNA 是攜帶地球上所有已知生命形式的發育和功能指令的遺傳物質，它是一種複雜的分子，經過數十億年的生物進化而來，天體物理學家卡爾·薩根（Carl Sagan）就說過，人類與外星人交配的可能性就像人類與鬱金香或矮牽牛交配的可能性一樣，DNA 可能不會跟人類一樣。

　　這本書由生物學的遺傳基因開始談起，從另一個角度來探討外星人的 DNA 之謎，披露許多你在其他書刊看不到的內容，晃榮兄是生化博士，對於生物遺傳理論自然是精通熟識，結合外星智慧，精彩可期，非常值得 UFO 愛好者或熱愛探索外星起源的朋友閱讀。

從 DNA 到宇宙意識的終極追問

占星協會創始會長　林樂卿

　　繼上部力作【解密外星人】之後，同名標題的續集出爐了，這次的重心鎖定在 DNA，也就是前集就提到的物種、人類起源和基改問題的更延伸和深入探討。本書不但將整體「遺傳學」發展始末交代清楚，具體的內核從遺傳物質，染色體、DNA、基因等逐一詳述。讀者至此應該就看得出來，是真材實料的硬依據，作者江博士本身就是生化科學家，他以專家的眼光討論了背後的思想「進化論」，更進一步探討整個來龍去脈。去氧核醣核酸上的各種遺傳指令，形成所有已知生物的功能和發展，會不斷地複製下偶發突變，這就是生物進化的根源。外星人的書講 DNA，立意就是在於演繹生命存在問題，掌握得宜縱橫歷史脈絡和生物、時空。向來外星研究或宇宙考古領域認為的「外星人」創造人類物種，箇中因素也可從這些論述中得知。

　　演化路上「物競天擇」的隨機突變，這種盲目進化過程充滿了困惑，然而生命的締造與傳承的「物種起源」詮釋已開始轉向，被認為不可能純粹是的「自然選擇」和偶然的突變交織所成。不僅是生命和智能的創生和演進，整體自然界、生態圈運作之精妙，致使瞭解越多就越是懷疑在最初既有的設計之下才會發生如此的結果。宇宙的起源「大爆炸」和其後的進程，天文物理界也有許多人認為不可思議到如有意識，設計的

「跡象」十分明顯。橫跨這些科學不同領域的共同想法，可以說是萬有「智能設計」理論。也就是說，不只是生物學，在物理學界確然有不少頂尖科學家都說，相信存在著所謂「偉大卓越事物」，由此看出這是科學界變革的趨勢了，至少會有大幅修正調整或者融合。

其實「智能設計者」的概念，早在希臘時代就提出了巨匠造物主（Demiurge）之說，在柏拉圖主義和諾斯替各教派都使用這個概念，日後視上述學派為異端的歐洲一神宗教，同樣都相信這個「智慧存在」，雖然其地位不一定最高、各自有不一樣的體現，但總具有創世意識的位格以解釋這一切。如今隨著科學的再度變革，昔日被打成異端的學派卻因此得到平反或重新審視。如此，書中關於科學走向的爭論，也是思想的對談與交鋒，開啟了唯物、唯心之辯證，進一步成為「偽科學」和「偽宗教」孰是孰非之議！「演化論」的意識型態是無神論的，「神創論」則屬於宗教性的，然而科學喜歡斷言的態度正是走向信仰化的原因，就是這一種態度致使走向盲從或迷信，而與信仰、心靈和神祕學會衝突的點也就在這裡。

遺傳物質本身的奧妙，更帶動這個主題往許多領域開散，生命的細胞的 DNA 是智能設計的載體，可以說都經過先進的信息處理系統，猶如程式訊息以及獨特的「密碼」解讀和執行，神奇的不僅於此，承載 DNA 的染色體形構也很特別，「雙螺旋」互相纏繞之姿引人無限聯想，最奇妙的是江博士以之結合易經，真正做到神祕學和真正科學的結合。神奇的 DNA，就此可以擴展到宇宙、地球生命到外星生物的關聯探討，

延伸到一切物質和宇宙時空。從而，議題也升級到宏觀的宇宙層面，宇宙的生成也要講到究竟是創造或演化，於是也有類似的科學論爭～宇宙、星系，一切物質或能量，究竟是特地有意識地創造的，還是質能偶然驅動的演化產物？反向到微觀的世界內，生物的「奈米」視角、量子場域的維度，也都盡皆暗示那個背後的設計。

　　掌握這些知識脈絡之後從而可以探討：散佈疫情的病毒和預防傳染的疫苗各有其「陰謀論」，攸關末日或滅世的預測或恐懼，面對啟示錄重臨的終結者陰影。可知這些不只屬於次文化脈絡，探討研究的價值甚高，解析歷史上乃至今日種種「詭計」之謎，星空文明的起點之奧祕，乃至探索神祕學和外星人的關聯。琳琅滿目的眾說和思考想像，或許會打開你的好奇心腦洞，如果你也能隨之打破一切，回歸到原點思考省視，這樣這本書的最終目的就達到了。

林樂卿（星宿老師 Farris Lin）

　　占星協會創始會長，人相學會名譽理事長，中國五術風水命理學會名譽會長。最早推廣西洋神祕學，為各大專院校占星塔羅社團創始者及指導老師。現任中國文化大學推廣部身心靈中心講師，青年服務社占星塔羅手相講師。

拿出證據來

世界文化史博士　眭澔平

這麼多年來，許多人頻頻追問我：「你相信這個世界有外星人嗎？」「為什麼我沒有看見外星人呢？你能拿出證據來嗎？」

該說「信者恆信，不信者恆不信」嗎？

江晃榮是我的多年好友和優秀學長，學經歷驚人，著作等身。他是生化博士，也是台灣生物科技開發基金會董事長；他除了在生技領域有重大成就外，江博士業餘研究外星人，成為飛碟學家。他曾任中華 UFO 科學學會創會理事長，台灣外星人研究所所長、外星人博物館榮譽館長，由他從 DNA 的角度來解釋外星人，帶領大眾追求真相，探索未來，實是不二人選。

今日我很榮幸能推薦江晃榮博士的新書「解密外星人 DNA」，將他多年的研究心得，以科學、以史料、以論文、以專書與大家分享，從遺傳學、易經、聖經、現代智能等各個角度，探討到底有沒有外星人來到地球的證據？僅以古今中外四例為證，顛覆讀者的既定認知：

一、以歷史觀之、達爾文進化論是對的嗎？

達爾文在 1859 年出版《物種起源（*On the Origin of Species*）

藉助現代科技的進步，有更多研究和證據顯示，進化論的推想過程中，產生許多更多迷與惑。

書中舉例，「長頸鹿的長脖子不是為了吃高處的葉子而出現適者生存；如果以解剖學來看，長頸鹿的頸部靜脈各處都有靜脈瓣膜以防止回流，頭後部有一個特殊的網狀毛細血管團，稱為奇蹟網（Wonder Net），可提供緩衝，證明可以作為一種裝置發揮作用。」

我讀到此處，能懂為什麼考古化石裡，在「寒武紀大爆發」之前，幾乎沒有發現動物化石，缺乏動物體化石是進化論斷鍊的致命缺陷，稱為「Missing-link」，但不是「丟失」，是不存在的。所以根本不存在「猿人」或「原始人」這樣的生物。化石記錄顯示，猴子和人類是同時被創造並開始存在的，正如聖經所說的一樣。聖經的字面解釋，人類大約在六千年前被創造出來，碳 14 法的結果實際上支持了聖經中人類的年齡為 6000 年。信不信由你？

二、以現代觀之、基因工程改變什麼？

江博士為讀者上一堂基因工程課，以深入淺出的方式講解現代基因工程的演進史，應用在醫學與農業上的成就，並檢討利弊得失。看完更懂得基因工程在現代生活中無所不在，無人能倖免的這一場翻天覆地的基因改造工程的大時代。

但是這與外星人有何關係呢？

　　1930年左右一位女孩在墨西哥奇瓦瓦州奇瓦瓦市西南100英里（160公里）的一個公共礦井中發現了一些神秘畸形人骨。由於長相獨特，看起來就像是小灰人系外星人，故稱之為星童（starchild）。而後權威解剖學家勞埃德派伊（Lloyd Pye）解剖後，可能是外星人和人類的混血兒，甚至有人以為是腦積水引起的顱骨變形的腦積水。DNA 測試後，顯示他的粒線體 DNA 與人類的粒線體 DNA 有很大不同。

　　2003 年勞埃德·派伊經過長時間的各項測試後，從頭骨中收集粒線體 DNA 並進行分析，結果這個「星童」確實有一個人類母親，父親遺傳的粒線體 DNA 屬於與人類完全不同的外星物種。信不信由你？

三、以東方觀之、易經告訴我們什麼密碼？

　　江博士在 1980 年發表「中國古老易經與現代遺傳學」，這是全世界首篇相關論述，江博士是此領域先驅。

　　書中以「易經 -- 史前超文明」，揭示遺傳密碼的六十四種組合和六十四卦彼此一致是巧合，伏羲氏和 DNA 結構也是一種巧合嗎？還是穿鑿附會？江博士藉此提出此項論點，希望能喚起同好共同研究。

　　又易經以三組陰陽組成八卦，遺傳基因也以三個氮化合物為一組合成一種胺基酸，自古以來，人們亦將「三」視為神秘數字。三與六十四是否均是巧合？信不信由你？

四、以西方觀之、美鈔一元透露的訊息？

如果你手上有一元美鈔，請仔細看其構圖，你看懂每個圖像所隱藏的意義嗎？

眾所周知，美元鈔票上隱藏著「天命之眼」和「白頭海鵰」，兩者都是與秘密社團「共濟會」和「光明會」有關的圖像。正因如此，一直有傳言說，美國被這些秘密結社在幕後控制。如果沿著金字塔畫一顆六角星，每個頂點所指向的字母就會變成「MASON」。書中引述陰謀論「外星人一直在鈔票裡隱藏秘密訊息，外星人霸主是否在控制美國社會？」是誰在幕後擁有強大的力量呢？信不信由你？

結語：

我與江博士的共同興趣是探索外星人的未解之謎，不同的擅長領域在於，我自美國康乃爾大學人類文明史博士畢業後，窮究半生去環遊世界，以雙腳實地考察古文明遺址，並親自探訪不可思議事件的發生地點，我做三十餘年的田野調查和拍攝紀錄片，試圖尋找出未解之謎。

我很慶幸吾道不孤也，有江博士同行討論，教學相長，從他著作中有憑有據，圖文並茂，彙整資料自成系統，方方面面試圖以科學給予合理的解釋，給 UFO 迷供作參考。

　　本書我謹以四個知識趣味點，喚起讀者對外星人與 DNA 的研究動機。讀者欲知更多詳情，請閱讀本書「解密外星人 DNA」。

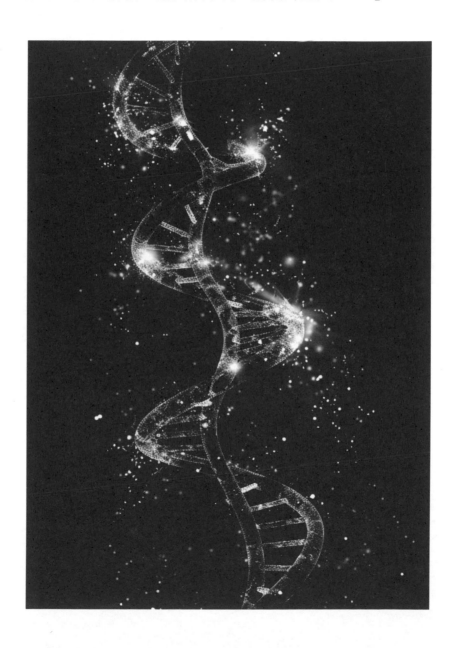

進化論真的正確嗎？

江晃榮

　　最近十年來人類科技有很大進展，如無人機、電腦合成技術、人工智慧（AI）以及基因的合成與改造等，因此眼睛看到的東西不一定是真實的，肉眼看不到的部分才值得探討，不僅在科技研究上也有一些改變，飛碟相關研究也不例外。

　　美國國防部（DoD）成立一個新的「全域異常現象解析辦公室（All-domain Anomaly Resolution Office, AARO）」來調查「不明空中現象（Unidentified Aerial Phenomena, UAP）」。

　　UAP 是一種看似有物體在空中飛行的現象，但被認為是無法辨識的飛行物體或自然現象所引起的，以前通常被稱為是不明飛行物（Unidentified Flying Object, UFO）。

　　過去一段時間以來，國防部一直透過一個名為空中機載物體識別和管理同步小組（Airborne Object Identification and Management Synchronization Group, AOIMSG）的組織來研究 UAP，AARO 將繼續 AOIMSG 的活動並擴大其研究範圍。

　　AARO 收集軍事設施附近等區域的可疑現象訊息，然後進行識別和分類，如果該對象構成安全威脅，就採取必要措施，這項活動是與其他美國聯邦組織合作進行。然而，調查的對象並不限於 UAP 種空中現象，

也調查水下目睹的現象。

此外，美國國家航空暨太空總署（NASA）也於 2022 年初秋成立一個團隊，從科學角度研究 UAP，AARO 和 NASA 沒有直接關係，各自獨立進行研究。在外星人研究方面最大改變是有關 DNA 的探討，無論是官方或民間都有外星人及人類 DNA 的研究，也導致了新興病毒（包括新冠肺炎）層出不窮，地球人類面臨了生死存亡轉捩點。

1972 年第一個重組 DNA（基因剪接）技術是由美國史丹佛大學生物化學家保羅伯格（Paul Berg）提出，但之後伯格和其他科學家呼籲自願暫停重組 DNA 研究，認為這不是人類該有的技術，需要能夠評估風險才行。

但有利可圖是擋不住的潮流，1976 年第一家基因剪接為主的基因泰克公司（Genentech, Inc.）成立，從此，基因剪接的應用及研究成為顯學。

也由於基因剪接研究的普及化，誘導了外星人 DNA 與人類 DNA 關連性研究，事實上在 1950 年代美國就保存了外星人 DNA，並在 1980 年代深入探討，但只能做不能說，曾有多位曾參與該項研究工作者退休後曾說出部分真相，指出包括人類在內的地球生物 DNA 均直接來自外星人，演（進）化是不存在的。

創造論顯然能合理解釋地球上許多不可思議現象，但又與宗教有關，許多研究人員不願涉及宗教，乃提出 ID 理論，並將宗教所稱的神改名為「something great」，事實上這是指外星生物，也就是俗稱的外

星人。

其實類似的觀念早就有人提出，而且源自古代，即有生源學說（panspermia theory，宇宙泛種理論）或叫「胚芽種子廣泛傳播理論」。這是生命起源的理論之一，該理論認為，地球上的生命起源於地球之外，所提出的生命「元素」包括微生物孢子、DNA 的鏈狀部分以及胺基酸的組合。

有生源論是一種認為「生命的起源是從天界播下的種子」的信仰，可以追溯到古埃及王國（公元前 27 世紀～公元前 22 世紀），早期印度教、猶太教以及基督教的諾斯底主義（Gnosticism，此字源於古希臘語，意為「知識」），即是有記錄的歷史中最古老的信仰之一。

有生源論的先驅可以在希臘哲學家阿那克薩哥拉（Anaxagoras）的思想中看到，他談到了「生命的種子」，但此一想法卻不受重視，這是因為在古希臘亞里斯多德提倡自然發生理論。

亞里斯多德對生命做了許多觀察，也寫過關於生命的論文，但有一天，他看到一條小鰻魚從泥巴中鑽出來，所以認為「生命基本上是從泥巴生出來的，但有些也是從親代生出來的，亞里斯多德的學說在當時處於學術界的頂峰，被廣泛接受，所以有生源論就被遺忘。

另一方面，有生源論並沒有被中世紀歐洲思想界所接受，因為它與舊約聖經《創世記》第一章中的創造理論（宇宙和生命的創造）記載相矛盾。

之後進化論成為生命起源的主流理論，全世界各國從小學到大學都

在學習進化論，所以大家都認為它是「科學」、「常識」和「已證實的事實」。

　　進化論帶給人類的不僅是科學知識和思想，也會對個人的人生觀和哲學產生深遠的影響，甚至可說影響一切，但進化論真的正確嗎？

　　如果越來越多的科學家放棄進化論，不得不重新考慮它是否值得相信。本書也討論了被認為是「進化論的證據」的內容，真的是基於可靠的證據和科學邏輯嗎？

　　結論就像那些放棄進化論的科學家一樣，進化論沒有「證據」，過去認為生命起源理所當然的事情正在一點一滴地瓦解。著者是學生物化學的，曾研習過基因剪接技術，深覺這是違背自然法則，人類不該去研究，也放棄此方面研究，本書就是以遺傳基因 DNA 為核心，討論 DNA 科技的發展，並以科普觀點介紹遺傳基因以及基因相關產業──基因改造食品，疫苗產業的陰謀論等，最重要的是以外星宇宙的立場來談外星人及人類 DNA 的關聯，縱觀國內外書籍甚少討論此一議題，本書也是到目前為止第一本討論外星人 DNA 的中文書。

本書沿續上一本書「解密外星人」（時報文化出版社），並承蒙四位（四大天王）好友、前輩、專家、老師撰寫推薦序，即台灣飛碟學會黃朝明理事長，世界文化史博士眭澔平，歷史學者周健以及，占星協會創始會長星宿老師（林樂卿）。

希望本書能帶給讀者新知識及另類思考。

是為序

江晃榮序於台灣台北

2024 年 2 月 20 日

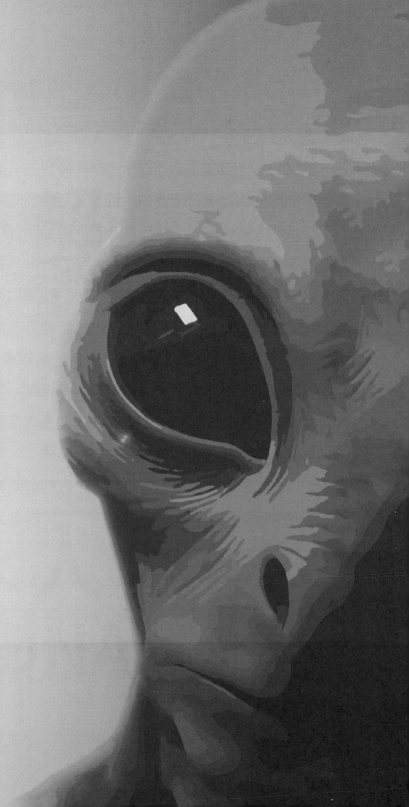

第 1 章

現代生物學的遺傳基因DNA

一、細說基因——生物（含病毒）的遺傳物質

1. 什麼是基因？

解開宇宙的奧秘是自古以來人類的夢想，人是宇宙中的一部分，如何將神秘的生命現象研究清楚，也一直是科學家努力的目標之一。

二十世紀美國有三大國家型計畫，而且都有相當大的貢獻與突破，第一項是 1940 年代在二次大戰期間所推動的「曼哈頓計畫」，結果讓美國人發明了原子彈，結束了第二次世界大戰；第二項是 1960 年代由美國總統所擬定的「阿波羅計畫」，此計畫將人類首度送上月球；第三項計畫就是 1980 年代以先進國家為首的「人類基因組計畫」。

地球上的任何生物，都可表現出生命現象，而生命的本質可以由三方面觀察到：第一，生命能利用物質，產生維持身體各項機能的能量。第二，生命能進行繁殖，產生和自己一樣的下一代。第三，每一個生命都有它專有的特性，而表現這項特性的設計圖則來自上一代，這也就是中國人常說的「龍生龍、鳳生鳳」、「虎父無犬子」的生命基本現象。

DNA

細胞是表現生命的最基本單位，可以說，所有的生物體都是由細胞及細胞製成的物質所構成的。以化學成分來看，細胞主要是由水及蛋白質組成。蛋白質是生命中各種酵素及激素的本質，它能推動細胞中的各種化學反應；不同生物有它獨特的特性則與蛋白質有關，而蛋白質的生成卻受到遺傳基因的控制。

　　基因（gene）一詞來自希臘語，意思為「生」，生物體中的每個細胞都含有相同的基因，但並不是每個細胞中的基因所攜帶的遺傳信息都會被表達出來，不同部位和功能的細胞，能將遺傳信息表達出來的基因也不同。細胞有如一座小型工廠，經由遺傳基因製造蛋白質；不同的遺傳基因可先製造不同種類及數目的胺基酸，再由這些胺基酸組成蛋白質。可以說，蛋白質是聽命於遺傳基因，遺傳基因有如幕後的導演，蛋白質則是依導演命令而表現的演員，我們看到了演員做各種不同動作，事實上都是背後遺傳基因導演的功勞。

　　科學家早就有對生物遺傳有所注意，並給予不同名稱，1864 年提出「生理單位」，1868 年達爾文將其稱為「微芽」，1884 年稱之為「異胞質」，1889 年稱為「泛生子」。1883 年稱之為「種質」，並指明生殖細胞中的染色體便是種質，並認為種質是可傳至下一代的，體質則不會傳至下一代，種質會影響體質，而體質不影響種質。孟德爾（Gregor

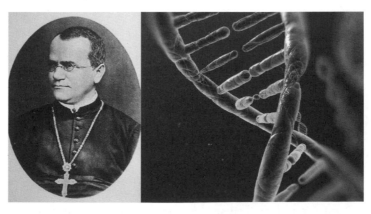

・孟德爾（Gregor Johann Mendel）

Johann Mendel）並提出「遺傳因子」的觀念。

　　直到 1909 年丹麥遺傳學家詹森（W. Johansen 1859~1927）在
「精密遺傳學原理」一書中提出「基因」概念，以此來替代孟德爾假定
的「遺傳因子」。從此，「基因」一詞一直伴隨著遺傳學發展至今天。

2. 基因與 DNA 的關係

　　基因是指攜帶有遺傳信息的 DNA 序列，也就是控制性狀的基
本遺傳單位，換句話說是一段具有意義及功能性的 DNA 序列，所
以基因不等同 DNA，DNA 更不是指基因。DNA 是去氧核醣核酸
（deoxyribonucleic acid）英文的簡寫，一般均稱 DNA 而不用冗長中文
名。

　　「種瓜得瓜，種豆得豆」，孩子為什麼會和父母親相似呢？這是一
個非常有趣的問題。最早發表與遺傳有關論文的人是奧地利的修道士孟
德爾，西元 1866 年，他以一篇「植物雜交研究」報告，提出遺傳構造
的基礎定律，並前後進行八年的豌豆遺傳實驗，發表遺傳的三項法則，
被後人稱為「遺傳之父」。

　　緊接著，生物學家米夏在 1869 年，由人體的膿（與細菌作戰死亡
的淋巴球）中分離出一種含多量磷的物質。由於細胞核中也有這種物
質，因此命名為核素，後來被證實是與遺傳有密切關聯的核酸。

　　1928 年，英國的葛利弗斯利用肺炎雙球菌進行遺傳實驗。肺炎雙
球菌有 R 型及 S 型（有毒性）兩種，如果將 S 型加熱殺死，再與 R 型
混合在一起，則發現又有 S 型細菌出現。可見死的細菌中，仍有一種物

質可轉移到另一種細菌中，進行控制細菌，因而 R 型細菌的下一代就成為 S 型了。

　　控制這種性狀轉變的物質就是核酸，也就是目前大家熟知的 DNA。

　　1950 年代，美國的生物學家詹姆斯‧華生（James D. Watson）為了研究蛋白質而前往英國，他一直認為，要研究蛋白質，就必須先明瞭核酸的構造。他與法蘭西斯‧克里克（Francis Crick）利用射線繞射技術，推斷出核酸是由糖與磷酸兩條長鏈相互交錯而成的螺旋狀構造，因而在 1952 年提出了著名的「雙螺旋模型」，獲得了諾貝爾獎。距米夏發表核素的論文，已經過了八十年的歲月。

　　雙螺旋構造的提出是近代遺傳學上最重要的發現，不但奠定生化學及遺傳學的基礎，更是近代遺傳工程發展的原動力，甚至可以說如果沒有這項發現，就不會有遺傳工程這一新科技的誕生。

　　自從雙螺旋構造被提出之後，興起了以研究核酸為中心的「分子生物學」，當時一般人都認為這是一門純學術性的基礎研究，沒有人認為它能應用到醫學上。

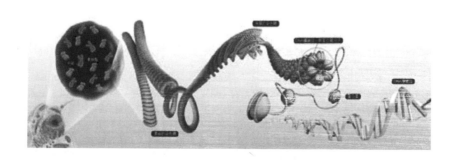

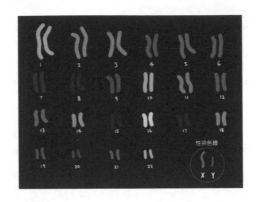

3. 基因與染色體的關聯

染色體（chromosome）是細胞內具有遺傳性質的生化物質，易被鹼性染料染成深色，所以叫染色體（即染色質）；其主要基本質結構是 DNA，是遺傳物質基因的載體。

平時細胞核內的染色體延長成絲狀，分散於細胞核內，染色亦深淺不一，稱為染色質（chromatin），但在細胞分裂的過程中，染色質不斷地濃縮捲曲成粗細一致、染色均勻、但長短不一的緊密物體，就是染色體。DNA 平時是散亂分佈在細胞核中，但當細胞要準備分裂時，DNA 便會與組織蛋白（histone）結合，然後纏繞起來，成為巨大而清楚的染色體結構。

每一種生物個體的細胞都有其遺傳資料，即染色體的數目是固定的。例如大猩猩有 48 條，青蛙有 26 條，果蠅有 8 條，碗豆有 14 條，人體內每個細胞內有 23 對染色體，包括 22 對體染色體和一對性染色體。

1879 年，由德國生物學家弗萊明（Alther Flemming，1843 ～ 1905）經過實驗提出染色體觀念，1883 年國學者提出了遺傳基因在染

色體上的學說，1888 年正式被命名為染色體。

　　1902 年，生物學家觀察細胞的減數分裂時又發現染色體是成對的，並推測基因位於染色體上。1928 年摩爾根證實了染色體是遺傳基因的載體，因此獲得了諾貝爾生理醫學獎，1956 年確定了人類每個細胞有 46 條染色體，46 條染色體按其大小、形態分成 23 對，第一對到第二十二對為體染色體，為男女共有，第二十三對劍是一對性染色體。

　　所以染色體存在細胞核內，由 DNA 與蛋白質所組成，基因則存在染色體上，而基因特別是指在 DNA 序列上，能夠表現出功能的部分；在人類的所有染色體上，都有基因存在，而且每對染色體上，存在的基因種類及數量並不相同。

　　有時單一個基因便能控制一種性狀的表現，然而，大部分的生理性狀，都是由一系列相關的基因一同調控而表現的。

　　低等生物是沒有染色體的，像細菌細胞核沒核膜，DNA 是散在細胞質內的。

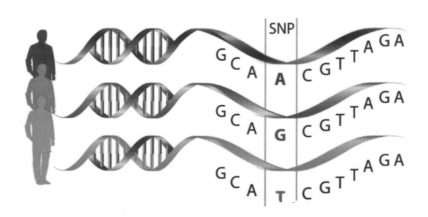

4. DNA 是雙螺旋結構

那麼遺傳基因是位於細胞哪一部分呢？在高等生物細胞中，遺傳基因是位於細胞核的染色體中。

一般體細胞進行分裂時，染色體也跟著複製，因此得到與原來細胞染色體數目相同的新細胞；在生殖細胞中，則進行減數分裂，染色體數目成為原來的一半，當來自父代及母代的生殖細胞結合在一起時，染色體才恢復原來的數目。

因此，任何細胞的染色體都能維持相同。而由於子代細胞的染色體有一半來自父親，一半來自母親，遺傳基因的表現因此就使得小孩與父母親相似了。

基因的本體就是 DNA，而染色體就如同記錄了許多遺傳訊息的錄音帶。其化學成分是由糖及含有氮原子的鹼基以及磷酸所組成。有如一條很長的扭曲梯子，形狀如麻花般，梯子的兩側扶手就是糖及磷酸組成的，而梯子的踏板則是由鹼基構成。鹼基共有四種，稱為胞嘧啶（C）、胸腺嘧啶（T）、腺嘌呤（A）與鳥糞嘌呤（G）。

每個鹼基都有固定的結合對象，有如鑰匙與匙孔的關係，例如腺嘌呤與胸腺嘧啶結合，鳥糞嘌呤與胞嘧啶結合，梯子的踏板就是由這樣結合的一對鹼基所構成的，而這四種鹼基的排列方式，稱為遺傳密碼，由於遺傳密碼的訊息傳遞，才能使每一生物表現它的特徵。

DNA 的大溝和小溝分別指雙螺旋表面凹下去的較大溝槽和較小溝槽。小溝位於雙螺旋的互補鏈之間，而大溝位於相毗鄰的雙股之間。這

是由於連接兩條主鏈糖基上的配對鹼基並非直接相對,從而使得在主鏈間沿螺旋形成空隙不等的大溝和小溝。在大溝和小溝內的基鹼對中的 N 和 O 原子朝向分子表面。

從細胞經濟的角度來看,一條長的 DNA 若扭轉成螺旋狀,可以有效減少它的體積。而螺旋狀的扭力,也可以增強 DNA 双鏈間脆弱的結合力,讓 DNA 較不容易解開、鬆開,所以在 DNA 複製(DNA Replication)時,需要 helicase(解旋酶)來解開扭轉的 DNA,有如拉鏈逐漸拉開一般。

雙股 DNA 變成單股 DNA 稱為變性,而單股 DNA 恢復成雙股 DNA 稱為復性。DNA 變性原因有加熱,因為 DNA 兩股之間的結合鍵加熱即可以破壞。低鹽濃度,DNA 通常是要在高鹽之下比較穩定,所以低鹽濃度下,容易變性以及鹼性溶液,當 pH>11.3,DNA 分子內氫鍵都會斷裂。

每條 DNA 都很長,兩股間都會有數以千計以上的鹼基以氫鍵相連,這樣就足以讓雙股 DNA 維持穩定。但是有些地方的 DNA 會自動打開來,又自動再關起來,這種現象稱作 DNA 呼吸。

DNA 可以長久保存,DNA 若被樹脂包埋,變硬後成琥珀化石(amber),冷凍或存在無氧狀態可長久保存,牙齒內 DNA 也可以保存長久。琥珀最大不過 15 公分,大型動物不可能被包到琥珀中,中國大陸有人從恐龍蛋的化石中抽取到恐龍的部分 DNA。

大部分的生物以 DNA 為遺傳物質,當生物死亡 DNA 會因氧化、

水解等作用而漸漸分解，五千年前阿爾卑斯山上泰農尼冰人（Tyroleam Iceman）的木乃伊，仍可抽出 DNA，由四萬年前的長毛象，仍可以抽出粒線體 DNA，目前被分析過最古老的 DNA，來自琥珀化石內的細菌、蜜蜂、白蟻等的 DNA，被分離的 DNA 經 PCR 量化、定序、研究。

5. 神奇的遺傳密碼——龍只生龍，鳳只生鳳

遺傳密碼（genetic code）又稱密碼子、遺傳密碼子、三聯體密碼，是一系列的遺傳規則，細胞根據這些規則將已編寫在遺傳物質（主要是 DNA）的資訊轉譯成蛋白質的胺基酸順序。

DNA 的遺傳密碼是依它的排列順序，以三個為一組，每一組可以控制一種胺基酸的生合成，所以遺傳密碼可以左右組成人體的二十種胺基酸的排列與功能，再由胺基酸排列順序組成各種蛋白質，蛋白質可以推動生物體的酵素反應，表現出生物特有的性質。

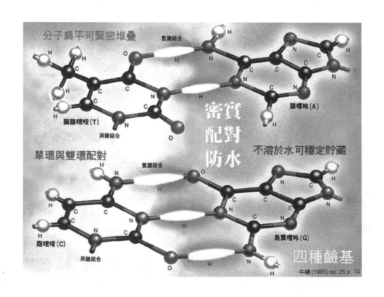

遺傳密碼

　　DNA 位於細胞核內，而蛋白質的合成是在細胞質中進行，DNA 上的遺傳密碼，先透過傳訊 RNA（mRNA），再轉送到胺基酸的生成場所－核糖體。依它上面遺傳密碼的排列，先行複製一段傳訊；傳訊可穿過細胞核到細胞質來，結合在核糖體上。接著，核糖體在傳訊上開始移動，並一面解讀密碼。另一種稱為轉運的核糖核酸，便把與遺傳密碼相對應的胺基酸帶來，並依序連在一起，成為蛋白質，就這樣，上的遺傳密碼就表現在最終產物蛋白質上面了。蛋白質的一種稱為「酵素」的物質可以推動身體內的化學反應，使得有人皮膚是白色的，而有些人是黃色的。

　　因為密碼子由三個核苷酸組成，故一共有 $4^3 = 64$ 種密碼子。例如，RNA 序列 UAGCAAUCC 包含了三個密碼子：UAG，CAA 和 UCC。這段 RNA 編碼了代表了長度為三個胺基酸的一段蛋白質序列破譯遺傳密碼，必須了解閱讀密碼的方式。遺傳密碼的閱讀，可能有兩種方式：一種是重疊閱讀，一種是非重疊閱讀。例如 mRNA 上的鹼基排列是 AUGCUACCG。若非重疊閱讀為 AUG、CUA、 CCG、 ；若重疊閱讀為 AUG、UGC、GCU、CUA、UAC、 ACC、CCG 。兩種不同的閱讀方式，會產生不同的胺基酸排列。基因的鹼基增加或減少對其編碼的蛋白質會有影響。在編碼區增加或刪除一個鹼基，便無法產生正常功能的蛋白質；增加或刪除兩個鹼基，也無法產生正常功能的蛋白質，但是當增加或刪除三個鹼基時，卻合成了具有正常功能的蛋白質。

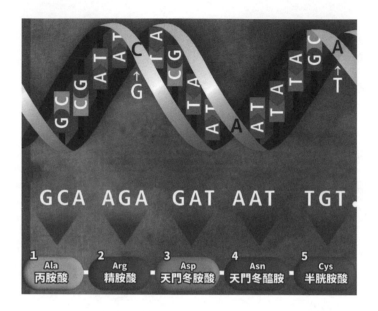

證明遺傳密碼中三個鹼基編碼一個胺基酸，閱讀密碼的方式是從一個固定的起點開始，以非重疊的方式進行，編碼之間沒有分隔符。

DNA 上的遺傳密碼是由上一代父母傳來的，藉由此種遺傳訊息而傳到下一代，因此才會產生出「龍生龍、鳳生鳳」的結果。

6. 基因重組的生物技術

如果有一棵植物，它的根部結馬鈴薯，地上部分則長出番茄，那該有多神奇！

如果小老鼠長得像兔子一樣大，那有多可怕！如果將白米、葡萄等釀酒原料，放進玻璃容器內，不久之後，在瓶子裡就可得到香醇的酒，這樣不是很方便嗎？

大家都知道螢火蟲會發光，假如能將螢火蟲的光在工廠中大量生產，則是一項取之不盡、用之不竭的方便能源。

　　這些現象有如神話一般，但經由生物技術，這個「天方夜譚」可以逐步實現。生物技術就是利用動、植物或微生物的特性、機能或成分來製造產品，用以改善人類生活的一項技術。我們的祖先早就有利用生物技術的經驗，但由那時候沒有像今天這樣的科學常識，並不知道原因，而且這種技術利用只限於發酵食品，如製造醬油、味噌、酒、醋等。到了二十世紀初期，科學家利用生物技術生產各種藥物，如感冒常用的抗生素、胺基酸（如日常用的味精調味料等）。

　　1970 年以後，人類發展出遺傳工程及細胞融合等新技術，才將傳統發酵技術融合新發展出的技術，總稱為「生物技術」。

　　我們日常生活中常聽到電腦工業、汽車工業等名詞，但對於「生物工業」總覺得很陌生。事實上，生物工業是一項新興科技，是由「生物技術」所衍生出來的工業。

　　人類的老祖先早就有利用生物技術的經驗，但早期的生物技術，只限於發酵類食品。

　　到了二十世紀，由於生產各種藥品，以及農業產品的技術大幅進步，尤其是 1970 年後，又有所謂的「遺傳工程」等技術的配合，才能生產更多的產品，發展出更新奇的技術來。

　　例如有一棵植物，它的根部結馬鈴薯，地上部分則長著番茄，一次就可以採收不同種類的果實；還有在小白鼠的背上長出人的耳朵，以供醫學上使用等；這些技術聽起來好像是神話，但今天的生物技術，已經可以完成這種「天方夜譚」了。

7. 基因重組技術又叫遺傳工程

　　大家一定注射過 B 型肝炎疫苗，你可知道 B 型肝炎疫苗是如何製造的？

　　目前最新的方法是利用基因重組技術（又叫遺傳工程）來生產。什麼是遺傳工程呢？在瞭解之前要先知道遺傳基因的本質。遺傳基因是由兩股像梯子的化學物質彼此纏繞成雙螺旋的物質，因為遺傳基因與生物體上的許多特徵，如眼睛顏色、身高、皮膚外觀等都有關，生物體的遺傳基因可以下命令，叫身體按照基因上的密碼表現出各種特性。

　　科學家想到如果能夠將基因重新排列組合，也許可以製造出我們所希望的任何東西。於是科學家利用一種作用像剪刀的物質將基因剪開，然後接上一段新的基因，再利用一種有如漿糊的東西黏上。

　　於是，原來的基因就有一段不一樣的新基因，就可生產所希望的物質了，這種基因剪接的技術就叫「遺傳工程」。

　　今天，遺傳工程已經成為重要的科技，能夠製造各項產品，如醫藥品、農產品等，所得到的新物質對人類有很大的貢獻。例如 B 型肝炎疫苗、治療糖尿病的胰島素等，這些以往昂貴的藥物都靠遺傳工程的技術大量而廉價地生產，遺傳工程真是自然界神奇的魔術師呢！

　　科學家可以用遺傳工程方法生產胰島素，亦將細菌當作生產工廠來代工。

　　首先，我們必須由人或動物的細胞中，找到生產胰島素的那段基因，然後，用一種叫做「限制酶」的酵素，如同用剪刀般將它剪下，有些生物學家也利用化學合成法，將基因組成成分的核酸原料用化學法合成胰島素基因。

　　找出控制生產胰島素的基因後，接下來的問題是如何讓它大量生產。繁殖速度最快的生物要算是細菌，大家都有這樣的經驗：一小滴糖水暴露於室溫中，經過一天，糖水中就有千萬個細菌。生物學家就是將胰島素基因導入細菌體內，利用細菌二十分鐘分裂一次的特性，進行培養。經一夜之後，所得到的億萬細菌均有胰島素基因，因此，能依遺傳原理，將細菌當作生產工廠，大量製得胰島素這種蛋白質，就可得到量多而價廉的產物。

　　若將大腸桿菌看作汽車製造廠，那麼，大腸桿菌工廠會製造各種汽車零件，再加以裝配成汽車。而帶有胰島素基因的質體（一種ＤＮＡ）混進來，就像其他貿易商攜帶自行車藍圖，委託汽車廠代為製造自行車一樣。汽車工廠除了照樣生產汽車外，並增加一條製造自行車的生產

線，就技術而言，這並非難事。所以，帶有胰島素基因的質體進入細胞後，經過一段時間的繁殖，質體會藉著大腸桿菌的生產系統生產胰島素，使得原本不具生產胰島素能力的大腸桿菌，得以大量分泌胰島素，這可是拜遺傳工程技術之賜呢！

二、恐怖的基因改造食品

1. 什麼是基因改造食品？

　　基因改造產品是指透過改造基因，也就是由別種生物（動植物或微生物）的基因（稱之為外來基因）移入特定生物來變更原有物種基因結構，並有效的使改造的基因表現出來的產品，以基因改造產品為原料進行加工所得到的食品叫基因食品，其實此一名詞翻譯自英語 Genetically modified food (GMO)，如果直譯叫基因改造食物，也叫轉基因食品。

　　基因改造產品依基因來源可分別動物性基因改造產品，植物性基因改造產品以及微生物性基因改造產品。

　　如果用生化學術觀點來說，基因改造產品就是利用近代分子生物技術，將某些生物的基因轉接到其他物種中去，改造原有生物的遺傳物質，使其表現在形狀、營養價值、消費品質等方面以符合人類的需求，有些可以直接食用，或者作為加工原料生產的食品，或者用以生產工業或醫藥等非食用產品。

　　提起基因改造就想到 1970 年代人類有此技術之前的 1960 年代，曾經出現過一部的科幻恐怖電影「變蠅人」（The Fly），改編自同名短篇科幻小說。片中主人在進行一項能量訊息與物質傳輸法實驗時，誤將蒼蠅基因混入自己體內，自己慢慢變成了蒼蠅人。

　　在漫長的變化過程中，他的人性逐漸消失，蒼蠅的習性逐漸增加：如倒吊爬行、唾液可以融化物體等。由於蒼蠅的基因已經混在了人的基

因裏面，在此部電新第二集中，他的兒子從出生起就繼承了這個恐怖的基因改造，成年以後變成了「蠅人」。這是由於實驗失誤，導致人類基因改變的例子，但更多的科幻作品則敘述了人類主動的基因改造，甚至成為一種制度。那便是有種族主義之嫌的「優生學」了。

科幻小說或電影的情節都在日後一一實現，基因改造只是其中一例而已。

2. 台灣的基因改造食品

台灣每年進口至少 250 萬公噸的黃豆，其中九成係基因改造，另有190 萬公噸的基因改造玉米，也有多種本土自行研發的基因改造動植物。

國內外所研發的基因改造食用植物有木瓜、香蕉、西瓜、甜瓜、苦瓜、番茄、青花菜、毛豆、水稻（有黃金米等）、馬鈴薯，南瓜、甘藍、油菜、甜菜、粟米、苜蓿，觀賞植物如菊花、玫瑰花、鬱金香、文心蘭、彩色海芋，非食用者有棉花等；基因改造動物如牛、豬、乳羊等；基因改造水產生物如泥鰍、鯰魚、九孔、草蝦、鮭魚，觀賞用的螢光魚等。

其中番茄、水稻、馬鈴薯、青花菜及木瓜等更已進入田間隔離試驗階段。

在台灣到處可看到基因改造產品，傳統市場所買東西有標示者甚少，因此上文所提到的食物原料在傳統市場到處可見，而超級市場有標示物品較多，若是基因改造者誠實標示者並不多，反而是非基因改造者標示的產品日漸增加。

至於加工食品九成以上都經是基因改造，玉米罐頭，番茄醬，義大

利麵醬等，以及市售標榜「生化」或「科技」的食品或便利商店所賣各項飲料及商品，其實大都是基因改造食品。

　　在熟食方面，速食店所出信的漢堡、薯條、湯及飲品等也幾乎都是基因改造食品。而夜市或路邊小吃攤所販賣的食物，所使用的原料或有基因改造者，一定會使用，因成本較低。可見基因改造產品是　處可見，充斥在你我的周圍 . 而有可能是下一個食品安全未爆彈。

3. 基因改造食品的出現

　　最近媒體上常出現有機農業、安心蔬菜、精緻農業等名詞，你知道這些是什麼嗎？其實，這些都是針對日益嚴重的環境污染而產生的新農業革命。二次大戰結束後，由於人口的增加以及可耕地減少，人類為了提高單位面積的產量，大量施用化學合成的農藥與肥料，以消滅農作物的病苗與害蟲。

　　最後，雖然達到了目的，但也造成環境的污染，而農作物上農藥的殘毒，更直接危害到人體的健康；近年來許多怪病不斷出現，癌症患者年齡的下降與擴散，都與農藥的濫用有關，可以說是人人「談癌色變」。

　　針對這些情況，科學家利用生物技術，發展出替代傳統化學農藥的無公害農藥，稱為「生物性農藥」。

　　這些來自生物的農藥中，最有名的是「微生物殺蟲劑」，它是利用一種屬於桿菌的蘇力菌（英文叫 BT）所生產的，它對人體無害，卻足以殺死蔬菜上的害蟲。微生物殺蟲劑與傳統農藥相比，價格較高，殺蟲藥效較為緩和，並不會馬上看到害蟲死掉，這些缺點使得推廣受到限制，使用尚未普及。

　　通常我們使用殺蟲劑時，常習慣性地噴很多，要眼睛看著害蟲死掉才罷休，這時，自己也吸了不少農藥呢！另外，在報紙或電視上也常出現「晚上睡覺前噴藥劑殺蟑螂，早上就可掃蟑螂」的廣告詞，其實這是錯誤的。噴了化學農藥之後睡覺，人們很容易慢性中毒，應該改掉這個習慣，變成出門前噴灑才對！

　　科學家近年來更利用遺傳工程技術，將蘇力菌細胞能夠殺死害蟲的基因，直接轉移到作物細胞中，這樣一來，農作物自己就會製造殺死害蟲的蛋白質，而不必再施用任何農藥；這種植物稱為「基因轉殖植物」。目前，一些先進國家已發展成功的基因轉殖植物，種類有玉米、小麥、水稻與棉花等。科學家期望在不久的將來人類可以解決農藥所帶來的污染與為害，讓大家可以吃得更安全、更放心！

　　大家都知道，作物與蔬菜在生長時，常會受到病蟲害的侵襲，造成產量減少或葉片有蟲咬過的破洞。為了解決這個問題，以往多使用化學合成農藥殺死病蟲、害蟲，但相對地，也造成蔬菜、作物上有農藥殘存，

危害到人體的健康。隨著科技的進步，一種稱為「基因食品」的新農業生物技術產品已經上市了。

　　基因食品是利用農作物的遺傳基因重組的新方法所製成的，目前成功的有玉米、大豆、番茄、馬鈴薯、油菜與稻米等，這些新品種植物本身，都具有抵抗病蟲害或殺草劑的能力，所以栽種時不必噴灑農藥，就可長得很好。以番茄為例，大家都知道，番茄放不到幾天就會變軟，甚至腐爛，所以無法長期貯存，若要從產地運到市場販賣，一不小心就會被壓壞了。而目前利用遺傳工程改良過的新番茄，不僅顏色鮮豔，大而可口，貯存時間也延長了許多，好處真是不少呢！除利用遺傳工程技術外，另外有科學家將不同種類蔬果的細胞融合，塑造出兼具兩種蔬菜特色的新青菜，如白菜與甘藍融合成的新種青菜也已出現了！

　　這類以新科技開發成的作物，雖然經過美國、加拿大政府的核准，確認安全上沒有問題，但也有一些人擔心把這些新品種的蔬果吃下肚子，恐怕不太保險。

　　更有趣的是，當研究人員為這些改造過的「新」作物申請發明專利時，居然遭到宗教界人士的反對，因為他們認為人怎能跟神比！只有上帝才能創造萬物，人類若能創造新種生物，那不是與上帝同樣萬能了嗎？最後，科學家主動承認人類目前只能「改良」較低等生物，沒有能力「創造」高等生命，還是上帝行，如此才暫時平息了這一場紛爭。

　　所有的生物包括人類、動植物、細菌，都能將自己的特性傳給下一代。想一想，你跟爸媽是不是有某部分長得很像？控制生物把這些特性

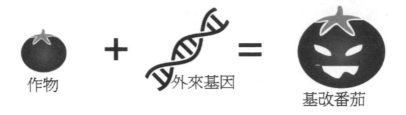

作物　＋　外來基因　＝　基改番茄

傳給下一代的物質，就稱為「基因」。每個生物細胞內都有許多遺傳基因。

遺傳基因既然可以指揮生物的成長特性，於是，科學家為了使作物本身能發展出不怕害蟲與病菌侵害的能力，便從其他生物（如細菌）的細胞中抽出足以殺死病蟲、害蟲的基因，再接到作物體內，就得到「遺傳工程作物」了。

這類新作物有了它們上一代所沒有的特性，能夠抵抗病蟲、害蟲的攻擊，不但長得好又快，而且更加可口，你說神不神奇？

4. 基因改造食品的操作

作物的基因改造是使作物基因組中含有外來基因，可藉細胞（原生質）融合、細胞重組、遺傳物質轉移以及染色體操作技術而達目的。

常用的方法有農桿菌轉入法，這是利用細菌帶著別種生物基因去感染作物，基因進入作物細胞 DNA 中達基因改造目的，另一是基因槍法，郡利用火藥爆炸或高壓氣體加速（稱為基因槍），將帶目的基因的 DNA 溶液以高速微彈直接送入完整的植物組織和細胞中，是基因改造研究中應用較常用的方法。

花粉管通道法則是在授粉後向子房注射含目標基因 DNA 溶液，利

用植物在開花、受精過程中形成的花粉管通道，將外源 DNA 導入受精卵細胞中而達目的。

　　細胞融合則是早期基因改造塑造新生命的方法之一。

　　生物技術可以說是萬能的魔術師。以前被認為不可能的事，都將因生物科技的進步而實現。假設有兩種生物，我們想要綜合其優點、去除缺陷，利用生物技術也可完成。

　　例如有一種作物生長速度慢但耐寒，另一種作物生長速度雖快卻不耐寒，我們就可以利用細胞融合得到既耐寒又生長快速的新種作物，這也是現代人之所以能吃到各種甜美、可口的水果與蔬菜的理由。

　　但是，生物技術雖能塑造出集優點於一身的新品種，卻也可能得到具有我們不希望的缺點的作物，所以，如何小心選擇是非常重要的。

　　細胞融合技術最有名的例子，是番茄與馬鈴薯利用細胞融合之後所得到的另一種新作物，也就是地上部分長番茄，地下則結馬鈴薯的作物，稱之為「番茄薯」，這種新作物對於古代的人來說是相當不可思議的。

　　今天細胞融合技術也應用在農業上，而醫學上，尤其是癌症治療與疾病診斷方面也有很大的貢獻。

　　生物學家利用細胞融合技術得到一種特殊的抗體，只能與癌細胞結合而不會殺傷其他細胞，如此一來，治療癌症的藥物與這種抗體先行連接再注射到體內，就能像飛彈一樣，準確命中目標「癌」，減輕副作用帶來的痛苦。

細胞融合技術可以說是造福人類的有效利器之一，它不僅能塑造新生命，也能生產新藥物，改進製造產品的流程，細胞融合技術可說是一項生物技術的關鍵性科技。

傳統育種技術與人工基因改造是有差異的。傳統育種技術一般只能在同一種內個體間進行基因轉移，而人工基因改造技術所轉移的基因則不受生物體間親緣關係的限制，可跨越種的限制。

傳統的育種和選擇技術一般是在生物個體上進行，操作對象是整個基因組，所轉移的是大量的基因，人工基因改造技術則可能準確地對某個單一基因進行操作，也就是經過明確定義的基因，功能清楚，後代表現可準確預期。

5. 基因改造食品是一項新興科學

傳統育種技術一般只能在同一種內個體間進行基因轉移，而人工基因改造技術所轉移的基因則不受生物體間親緣關係的限制，可跨越種的限制。傳統的育種和選擇技術一般是在生物個體上進行，操作對象是整個基因組，所轉移的是大量的基因，人工基因改造技術則可能準確地對某個單一基因進行操作，也就是經過明確定義的基因，功能清楚，後代表現可準確預期。

而基因改造食品科學是一種新綠色革命的一環。

由於人口急劇增加與生態環境長期遭受嚴重破壞，農業產品已經無法充分滿足人類的需求。1960 年代，為了解決開發中國家的人口問題，

聯合國和美國的一些基金會，支持若干開發中國家進行育種工作，育成「奇蹟米」等高產量品種，這些成果，就稱為綠色革命。到了 1970 年代，生物科技的進展對農業產生了另一波的影響，這些活動就稱為新綠色革命。新綠色革命中所運用的技術是生物技術與電腦自動化技術。

　　大家對有機蔬菜、生機飲食、水耕蔬菜等，相信應該不陌生。此外，對一些又大又甜又多汁的水果如蓮霧、西瓜等，你必定也很喜歡吧！以上這些蔬果都是運用基因改造來改良它的遺傳特性，並以全自動電腦控制方式來調控農作物的生產，使得農場如同工廠一般，產品不但良好，品質也能保持均一。此外，科學家同時也利用生物技術來解決土壤污染問題，以恢復地球原有的生態。科學家並預測，這將是廿一世紀農業發展的新方向。

　　而電腦應用在農業生產上可達到農業現代化目的，具體項目有：以微電腦與自動控制將農業資料作貯存及調閱、控制農業生態環境、預測作物產量及病蟲害的發生、調查農業自然資源監測農業生產條件、畜牧飼料管理與飼料配方的自動化等。

　　又如水耕栽培法、水氣培養法等利用液體培養法所進行的農業生產，這是一項農業生產工業化的構想。也就是在工廠中，利用微電腦調控生長環境以生產農作物的想法。近年來，對於某些藥用植物及作為保健食品的植物，也藉由電腦控制技術，來進行大規模生產如大家熟知的水耕蔬菜、靈芝，以及進行藥用菇類的培養等，可見新綠色革命所採用的技術是多方面的。

6. 基因改造作物會引發過敏

科學家已經發現某種基因改造大豆會引起嚴重的過敏反應；在美國許多超級市場中的牛奶中含有在牧場中施用過的基因工程的牛生長激素。一家著名的基因工程公司工程的番茄耐儲藏、便于運輸，但含有對抗抗生素的抗藥基因，這些基因可以存留在人體內。人類用基因改造的特性和不可避免的不完美會一代一代的傳下去，影響地球所有其生物，而且永遠無法被收回或控制，後果是目前無法估計的。

基因改造作物通常插入特定的基因片斷以表達特定的蛋白，而所合成的蛋白如果是已知過敏源，則有可能引起人類的過敏反應，即使表達的蛋白為非已知過敏源，但只要是在基因改造作物的食用部分顯現出來表達，也應對其進行人體過敏評估。

基因改造食品對人類健康的另一個安全問題是抗生素標記基因。抗生素標記基因是與插入的目的基因一起轉入目標作物中，用以幫助在植物遺傳轉化篩選和鑒定轉化的細胞、組織和再生植株。標記基因本身並無安全性問題，有爭議的一個問題是會有基因水平轉移的可能性，如抗生素標記基因是否會水平轉移到腸道被腸道微生物所利用，產生抗生素抗性，引發過敏，也可能會降低抗生素在臨床治療中的有效性。

星連玉米（StarLink Corn）經是基改造改玉米的商品名，該品種中經基因改造，有蘇力菌的抗蟲基因；美國政府在 1998 年核准使用為家畜飼料用，但禁止作為人類食品，然而因生產運輸過程因管理不當，星連玉米與供人食用的玉米混合，食用後造成十餘人發生過敏反應，之

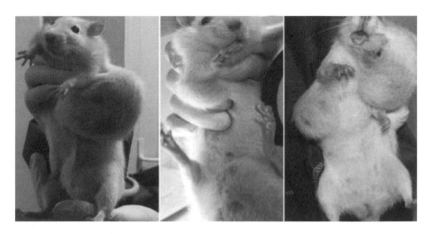

·基因改造作物引發腫瘤

多美國若干大食品業者也抵制購買，日本因此將混有星連的進口玉米退回，美國政府更要求種子公司付給農民高達十億美元的賠償金，同時停止販售星連玉米的種子。

但到目前為止，科學上仍然未能證實過敏反應與食用星連玉米所含的殺蟲蛋白質是否有關，這就是基因改造作物上有名的星連玉米事伴。

7. 基因改造作物引發腫瘤

這是最具爭議性也是最全人害怕的話題，國際期刊在 2014 年刊登論文，指出基因改造作物所用除草劑年年春中的主成分嘉磷賽可能與罹患非何杰金氏淋巴瘤（Non Hodgkin's Lymphoma, NHL）有關。該論文分析過去三十年來相關流行病學的前 44 高收入國家所作的研究報告，探討 21 類農藥 80 種主成分與農業相關人員者罹患 NHL 之間的關係；結果發現 B 細胞淋巴瘤的出現與苯氧類除草劑（如 2，4-D）以及有機磷類除草劑（如固殺草，也就是百試達 Basta13.5% 溶液、嘉磷賽）都

有正比例關係，而瀰漫性大 B 細胞惡性淋巴瘤則與有機磷類除草劑呈正比，該報告也指出胺基甲酸鹽類殺蟲劑、有機磷類殺蟲劑等也都有關。這篇報告來得正是時候，因為美國環保署當時正在審核兼耐嘉磷賽與2，4-D 兩種除草劑的基改作物，若通過的話，美國這兩種除草劑的用量還會增加。另外，除草劑年年春中的填加劑，即非離子性之表面擴張劑聚氧乙烯胺（polyoxyethyleneamine, POEA）也已被發現會殺死人類胚胎細胞。

美國民間團體「Moms Across America」與「Sustainable Pulse」聯合取樣檢測婦女乳液，發現除草劑嘉磷賽的含量在 76μg/l~166μg/l 之間；這是歐洲嘉磷賽的最大污染物濃度（MCL）標準的 760 到 1,600 倍，因為歐洲的是 0.1μg/l，但美國飲用水嘉磷賽的最大污染物濃度（MCL）是 700μg/l。美國的婦女大多知道基因改造風險，也會刻意避免，居然還也這麼高的濃度，那麼沒警覺的話應該會更高。目前美國政府對嘉磷賽採寬鬆的規範，主要理由是認為此農藥不會在生物體內累積，人吃進去會被排掉，因此不會有危害健康的問題。但母奶測驗的結果已打破此錯誤的結論。嘉磷賽可能就是嬰兒有生命以來第一個被強迫接受的化學農藥。受測出乳汁含有微量嘉磷賽的一位媽媽覺得很沮喪，因為她只吃有機產品．不過「Moms Across America」指出，嚴格攝食有機非基因改造食品的婦女過了幾個月到兩年，其乳汁大都已測不出嘉磷賽了。至於人類尿液的嘉磷賽含量，在瑞士約為 0.16μg/l，在拉脫維亞約 1.82μg/l，然而在美國的檢測，最高值在是奧立岡的 18.8μg/l。本次檢測發現美國

飲水的嘉磷賽測值在 0.085 到 0.33μg/l 之間。「Sustainable Pulse」呼籲全世界各國政府暫時禁止嘉磷賽的販賣使用，直到有公信力學者研究其長期風險作出結論後再決定是否開放。

　　此次檢測結果令人想起 1970 年代發現母奶含有多氯聯苯，而導致 1979 年美國國會禁止其生產。多氯聯苯與嘉磷賽的生產公司孟山都在 1930 到 1977 年都還堅持多氯聯苯是無毒的，該公司也當登廣告說嘉磷賽無毒易分解，被美國與法國法院判廣告不實。

8. 基因改造作物會引發腎臟病

　　斯里蘭卡政府首度禁止除草劑「年年春」的使用。這是因為研究指出年年春的成分嘉磷賽可能與該國北方農民未知原因的腎臟病有關，而

· 基因改造作物引發腎臟病的小白鼠

且此一未知因腎病也是薩爾瓦多當地男性死亡的第二大原因，研究人員認為可能嘉磷賽施用後與土中離子結合，產生高毒性化學物，農民使用地下水，因而讓農民致病。北斯里蘭卡約有 400,000 個病例，其中 2,000 因而死亡。

由於斯里蘭卡在 1970 年代就開放農藥使用，學者認為經過 12-15 年的農藥殘留累積導致 1990 年代未知原因的腎臟病的發生；農藥中嘉磷賽符合許多「元凶」的特點，例如可與硬水結合成穩定化合物、具有維持腎臟毒性金屬離子與進入腎臟的能力、多管道進入人體等。嘉磷賽本身在土壤半衰期只 47 天，但與金屬離子結合就難以分解，半衰期長達 22 年，進入人體的管道很多，包括飲用水、食物與空氣；農民由皮膚或呼吸道直接經皮吸收，因而傷害腎臟。

9. 基因改造食品會降低免疫力

1998 年 8 月，英國研究發現，老鼠食用了轉基因改造馬鈴薯之後免疫系統遭到破壞；美國也有一些害蟲的天敵因基因改造植物致死的報導；2005 年 5 月 22 日，英國媒體又披露了知名生物技術公司「孟山都」的一份報告，以基因改造食品餵養的老鼠出現器官變異和血液成份改變的現象。這些消息在帶給全世界震驚的同時，也使更多的人懷疑食用轉基因原料製成食品的安全性。

蘇格蘭的研究人員也在 1998 年試驗發現用某基因改造馬鈴薯餵食老鼠，有會使老鼠生長遲緩，免疫系統失調。這些實驗結果公開後引起喧然大波；後來其他科學家發表試驗結果，認為這綠的試驗結果只是個

案，不足採信，但真正的答案，就是該基因改造馬鈴薯是否安全仍然沒有答案。

三、不可思議的垃圾 DNA

垃圾 DNA（junk DNA、junkgene、junkgene、noncoding DNA）是染色體或基因組上功能尚未確定的 DNA 區域，由日本生物學家大野幹伊命名。

垃圾 DNA 是一種 DNA，根據基因組分析，發現「與已知基因沒有同源性」，在大多數動物和植物的基因組中，大部分 DNA 的生物學作

・基因組中存在著大量的垃圾 DNA

用尚不清楚。在分子生物學研究中，即使某個基因編碼的蛋白質的信息不完整，該基因所在的染色體區域也被稱為開放閱讀框（Open Reading Frame; ORF ORF），實際上並沒有翻譯成氨基酸序列的功能。

基因組科學家還認識到，即使有關其功能或作用機制的信息很少，但可以合理地假設這樣一個區域很重要。

整個人類基因組中只有 3% 的作用是已知的。

相比之下，虎河豚的基因組大小只有人類的 1/10 左右，但三分之一的基因組是由有效基因編碼的，人們認為它的基因數量與人類大致相同。洋蔥基因組大約比人類基因組大 12 倍，並且被認為比人類包含更多的「垃圾 DNA」。

這樣，基因組中「功能（推斷）區域」和「垃圾」區域的比例似乎根據物種的不同而顯著變化。關於垃圾 DNA 為何形成以及為何它保留在基因組中，存在許多理論。例如：

- 這些染色體區域是過時基因的集合，有時稱為假基因，在進化過程中已被破碎並丟棄，相關假設的證據表明，垃圾是失效病毒積累的 DNA。
- 垃圾 DNA 充當針對遺傳損傷和有害突變的保護緩衝劑。事實上，DNA 的大部分部分與新陳代謝和生長等過程無關，核苷酸序列的單一隨機損傷很少影響生命。
- 垃圾 DNA 提供了一個序列庫，可以將其表達為具有潛在優勢的新

基因。

- 垃圾 DNA 可能包含一些尚未識別的功能。例如，已經清楚的是，一些不編碼蛋白質的 RNA（非編碼 RNA；ncRNA）是從被認為是垃圾的區域轉錄而來的。

  垃圾 DNA 實際上可能沒有任何功能。例如，1% 的垃圾

- DNA 區域（包括進化上非常保守的區域，如上述非編碼 RNA 基因）被去除的小鼠是可以存活的，並表現出顯著的表型。這表明，太多的垃圾 DNA 並不重要，至少不是為了個體發育或生命的維持。

- 個體分子營養差異是由於單核苷酸取代和垃圾 DNA 造成的。脂溶性維生素的需要量相差 10 倍，水溶性維生素和礦物質的需要量相差 100 倍。

　　由於「真正的垃圾 DNA」佔很大比例的假設（例如人類目前的數值為「97%」），所以無法符合進化論原理。擁有大量的垃圾 DNA 意味著大量的能量被浪費在細胞分裂（DNA 複製）過程中產生無用的核苷酸，這是生命的負擔。因此，在進化時間尺度上，「垃圾 DNA」的數量會透過缺失突變減少到維持可用能量和物質數量的水準，而不會導致自然選擇的懲罰性損失。

四、不可思議的粒線體 DNA

　　粒線體 DNA（mtDNA、mDNA）是位於粒線體（細胞內的細胞器）

內的 DNA，有時也被稱為粒線體基因組，因為粒線體被認為起源於內共生，即共生體學說（symbiogenesis），又稱內共生學說（endosymbiotic theory），是關於真核生物細胞中的一些自主胞器一粒線體和葉綠體起源的學說，這種理論認為粒線體起源於好氧細菌。

　　粒線體 DNA 主要含有粒線體蛋白質的訊息，並在粒線體分裂時複製，粒線體所需的一些資訊包含在核 DNA 中，粒線體不能單獨存在於細胞外，相反，細胞正是透過粒線體的功能，利用氧氣提取所需的能量，而細胞本身如果沒有粒線體就無法生存，這些發現支持粒線體是內共生衍生的假設。

　　由粒線體異常所引起的疾病，一般稱為粒線體疾病，包括粒線體 DNA 異常所引起的疾病和核 DNA 異常所引起的疾病，粒線體 DNA 的遺傳多態性被認為與肥胖易感性的個體差異有關，此外，近年來有報告指出粒線體 DNA 突變會影響癌症的轉移能力。

　　粒線體 DNA 一般 GC 含量較低（20-40%），基本單位為數十 kb（千

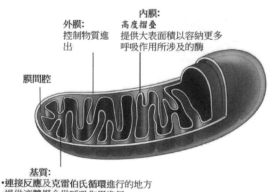

鹼基：1000 個鹼基對），含有多種參與電子傳遞鏈的蛋白質，包括核醣體 RNA 和 tRNA。有十種不同的基因，然而，DNA 分子的大小和形狀，以及編碼基因的數量和類型，根據生物體的不同而有很大差異。

在遺傳圖譜中，粒線體 DNA 通常以圓圈表示，然而，只有少數生物體，例如高等動物和動質體（Kinetoplastid，一種附有鞭毛的原生動物）具有物理環狀粒線體 DNA。在許多生物中，DNA 分子是從環狀基本結構不斷複製而來，就像拉衛生紙一樣，因此，粒線體 DNA 的所有部分都是雙螺旋結構，而大部分基本單元都是線性重複結構，重複多次。儘管數量很少，但也有一些生物體始終具有線性粒線體 DNA。

所有高等動物（包括人類）的粒線體 DNA 都相對相似，由大小約 16kb 的單一環狀 DNA 組成，有 37 個基因，其中 13 個是呼吸鏈複合體的亞基，22 個是 tRNA，2 個是 rRNA。基因的排列差異很大，但從魚類到哺乳動物，脊椎動物之間的排列基本上相同。線蟲和雙殼類的基因類型略有不同，而刺胞動物的特殊之處在於它們的基因組是線性的。

蝨子的粒線體基因組具有完全不同的結構，具有 18 種 3 至 4kb 的小型圓形 DNA 片段，每種包含 1 至 3 個基因。

粒線體將遺傳訊息從作為儲存來源的 DNA 轉錄成線粒體核中的 mRNA，然後 mRNA 移動到粒線體核醣體，其中 tRNA 的三個鹼基與氨基酸與 mRNA 的核苷酸互補結合，確定 tRNA 攜帶的氨基酸，並合成所需的蛋白質。這一系列的翻譯過程與細胞中的基因翻譯幾乎相同，但是定義 20 個氨基酸的 64 個組合中的 7 個對應的氨基酸是不同的。

　　下面顯示了一個「密碼子表」，顯示了mRNA上的密碼子與它們在翻譯過程中指定的氨基酸之間的對應關係。

　　粒線體DNA（mtDNA）與核基因組相比是一個非常小的基因組，但突變的影響卻不小。mtDNA突變引起的疾病症狀具有系統性且極為多樣化，導致了解其病理、治療甚至做出準確診斷都困難重重。粒線體DNA與垃圾DNA一樣不可思議，是外星人控制生物的關鍵。

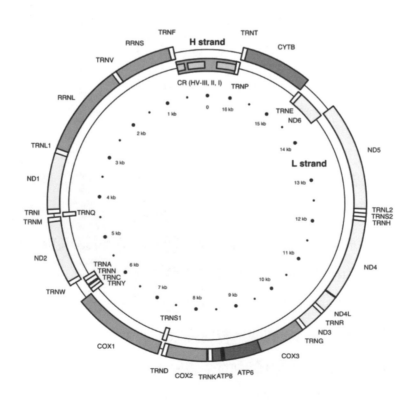

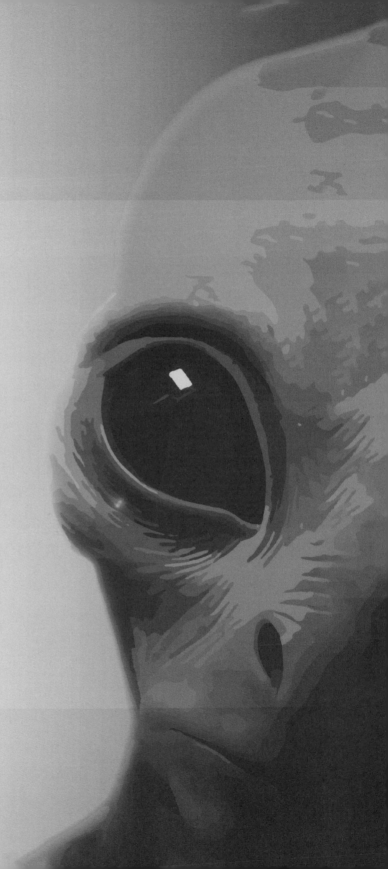

第 2 章

進化論與智慧設計理論

　　進化論（theory of evolution）是生物進化而來的主張，或是關於進化論的各種研究和討論。

　　智慧設計（intelligent design）則是一種理論，認為生命和宇宙的微妙系統是由「智慧事物」設計的，基於生物和宇宙結構的複雜性和精確性，通常縮寫為 ID 或 ID 理論。另外，提倡 ID 理論的人稱為智慧設計師（intelligent designers, IDers）

一、進化論

　　進化論基於假設（理論）：生物並不是一成不變的，而是經過很長一段時間才逐漸改變的，今天看到的各種生物都是在這個過程中誕生的，有兩層意義：承認演化正在發生的判斷，以及解釋演化機制的理論。生物學中的「進化」僅意味著「變化」，並不意味著「進步」，在價值判斷上是中性的，嚴格來說是演化才對。

　　在現代演化是一種很難證明的現象，但生物學各個領域都曾提出支持進化的證據。

　　早期的進化論，正如達爾文的假說所見，是開創性的，但在某些方面並沒有足夠的證據來驗證是否正確。現代進化論並不是一個單一的理論，是解釋和預測各種演化現象的許多理論的總稱，例如適應、物種形成和遺傳漂變（genetic drift）。現代進化論認為，這是一種生物的遺傳特徵隨著世代的推移而改變的現象。

1. 中世紀以前的進化思想

　　古希臘哲學家阿那克西曼德（Anaximandros）認為，生命在海洋中發展，後來遷移到陸地，恩培多克勒（Empedoclēs）討論了非超自然生命的起源，並寫下了與後來的自然選擇類似的概念。在中國，莊子也有一種進化論的想法，英國生化學家李約瑟認為，道家明確否認物種的不變性，道家哲學家認為生物根據其不同的環境而具有不同的特徵，他們看到了自然界的「永久變化」，這與當時西方靜態的觀點形成鮮明對比。古羅馬哲學家盧克萊修（Titus Lucretius Carus）基於希臘伊壁鳩魯主義（Epicureanism）認為宇宙、地球、生命、人類及其社會可以在沒有任何超自然干預的情況下發展。

　　羅馬繼承的希臘進化論隨著羅馬帝國的衰落而消失，但它們影響了伊斯蘭科學家和哲學家，詳細推測進化論的伊斯蘭學者和哲學家是 9 世紀的賈希茲（Al-Jahiz），他考慮了生物生存的機會和環境的影響，並描述了「為生存而努力」。伊本・密斯卡瓦（Ibn Miskawayh）寫了一部生命發展史，從蒸氣到水、礦物、植物、動物、猿猴到人類，伊本・海瑟姆（Ibn al-Haitham）寫了一本讚揚進化論的書，他們的書被翻譯成拉丁文，並在文藝復興後帶到了歐洲。

2. 十八世紀至十九世紀初

勒內·笛卡兒（Descartes）的力學理論引發了一場將宇宙視為機器的科學革命。然而，當代進化論思想家認為進化本質上是一個精神過程。1751 年，皮埃爾·路易·莫佩爾蒂（Pierre-Louis Maupertuis）轉向了更唯物主義的方向，他寫到了繁殖和世代交替過程中發生的自然變化，這與後來的自然選擇類似。18 世紀末法國自然哲學家認為，所謂「物種」是從原型中分離出來的，根據環境因素而具有鮮明的特徵，他認為獅子、豹、老虎和家貓可能有共同的祖先，200 種哺乳動物是 38 個祖先的後代，他相信他們的祖先是自然產生的，他們的進化方向受到內在因素的限制，人類可能是由於環境因素而從靈長類動物演化而來。有名的查爾斯·達爾文（Charles Darwin）的祖父在其 1796 年出版的《動物王國》一書中寫道，所有溫血動物都源自同一源頭活生物，1802 年，他指出所有生物都源自於黏土中的有機物，也提到了與性選擇有關的概念。

喬治·居維葉（Georges Cuvier）於 1796 年發表了現代大象與化石大象之間的差異，他得出的結論是，乳齒象和猛獁象與任何生物都不同，結束了關於它們滅絕的長期爭論。1788 年，詹姆斯·赫頓（James Hutton）詳細描述了一個在很長一段時間內持續運作的漸進地質過程。

3. 拉馬克的進化論

法國生物學家拉馬克於 1809 年發表《動物哲學》（Philosophie zoologique）其理論的基礎是「獲得性遺傳」（Inheritance of acquired traits）和「用進廢退說」（use and disuse），拉馬克認為這既是生物產生變異的原因，又是適應環境的過程。

關於進化機制，拉馬克解釋說，器官根據使用或廢棄而發育或退化，而這些後天性狀是遺傳的。因此，他認為經過很長一段時間，生物的結構會發生變化，也就是演化。拉馬克的理論被稱為廢用理論，但從適合生物體演化的特徵的意義上來說，可以被認為是一種適應理論。他認為演化是一個必要的、有固定方向的目的論過程，總是從簡單的有機體發展到複雜的有機體，複雜生物很早就出現了，簡單生物正處於近期發展的中期，最終會轉變為複雜生物。儘管目前有許多研究者否認這個理論，但拉馬克的假說是第一個經過科學程序檢驗的演化論，這一事實沒有人反對。

4. 達爾文的自然選擇進化論

1831 年至 1836 年間，英國查爾斯‧達爾文乘坐小獵犬號（Beagle）環球航行。在航行期間，他開始擔心由於每個地區動植物的差異而導致物種的恆定性，並閱讀了萊爾的《地質學原理》，認為就像地質構造一樣，植物和動物也會發生變化，新的棲息地是由於大陸的變化而產生的，而動物也適應了這些變化。他的自傳稱，在 1838 年閱讀馬爾薩斯的《人口論》後提出了自然選擇理論。

依自然選擇理論，即使在同一物種內，生物體的特徵也存在差異，其中一些特徵是從父母遺傳給後代的。

環境的承載力總是小於生物體的繁殖能力。因此，並非所有出生的孩子都能生存和繁衍，並且將孩子留給下一代的預期價值因其特徵而異。換句話說，那些具有優勢特徵的人會留下更多的後代。

當時，人們對 DNA 和遺傳機制所知甚少，因此很難解釋突變的原因和遺傳。達爾文的遺傳理論被稱為泛發生，承認後天性狀遺傳和融合遺傳，這在當時是主流，此外，發展和進化之間沒有明顯的區別。

假設突變是隨機的，隨機並不是說完全沒有規律。達爾文對突變一無所知，因此無法確定地說任何事，若突變是隨機的話，本身是沒有能力決定演化的方向。

達爾文認識到進化與進步不同，並將其視為一種由偶然突變引起的機械現象，沒有特定的方向，「自然不會跳躍」這並不意味著「進化以恆定的速度進行」。實際上只是否定快速進化，進化是透過微小遺傳變

異的累積而發生的。因此，可能會發生較大的形態變化，例如身體節段
數量的變化，但眼睛和大腦不可能在一代中形成。

　　所有生物都起源於一種或幾種祖先生物，達爾文將一個物種分裂成
兩個的過程稱為物種形成，但沒有深入探討物種形成的機制。達爾文透
過大量的觀察和實驗證實等經驗結果，將演化論從假設提升為理論。

5. 自然選擇理論的替代理論

　　達爾文的進化論雖然受到不少批評和反駁，但也獲得了支持並逐漸
擴大了影響力，此後，這種影響已擴展到自然科學之外。然而，接受自
然選擇理論作為驅動演化的原因需要時間。從 19 世紀下半葉開始，最
受歡迎的自然選擇替代理論是有神進化論、新拉馬克主義、定向進化論
和跳躍理論。

(1) 有神進化論

　　有神進化論相信上帝干預生物的進化。這個理論由達爾文的堅定支
持者、植物學家阿薩・格雷（Asa Gray）在美國推廣，然而，這個想法
在當時被認為在學術上沒有任何成果，並在 1900 年左右停止了討論。

(2) 定向進化論

　　定向進化論是生物體朝向更完美的方向直線進化的概念。這個想法
在 19 世紀也得到了相當多的支持，最著名的是美國古生物學家亨利・
費爾菲爾德・奧斯本（Henry Fairfield Osborne）。定向演化理論在古生
物學家中特別流行，直到 20 世紀中葉，他們都認為化石記錄顯示出漸
進的、穩定的方向。

(3) 跳躍理論

跳躍理論認為新物種是由於重大突變而出現的。達爾文的堅定支持者也質疑達爾文「自然不會跳躍」的主張，並認為不應先排除跳躍式進化，當時許多進化論的支持者也支持飛躍理論。

6. 基因發現與突變理論

孟德爾定律發表於 1865 年，孟德爾定律是遺傳學誕生的定律，由格雷戈爾・約翰・孟德爾（Gregor Johann Mendel）發表，由三個法則組成：分離法則、獨立法則、支配法則，當時並未被完全理解，但在 1900 年被重新發現並獲得廣泛接受。孟德爾的基因理論被認為會否認進化論，因為基因與父母的生活無關，並且會毫無變化地遺傳給後代。

突變是由荷蘭人德弗里斯（de Vries）發現的，由此，遺傳學認識到了基因改變的可能性，即演化的可能性。然而，德弗里斯所提出的突

· 孟德爾以豌豆作實驗

變理論是一種跳躍理論，其中透過獨立於自然選擇的突變創造出新物種，並且自然選擇發生在所產生的物種之間。

1930 年代建立了群體遺傳學（populationgenetics），群體遺傳學是遺傳學的一個領域，研究生物群體內基因的組成和頻率的變化。

目前以達爾文自然選擇理論為基礎，融合群體遺傳學、系統學、古生物學、生物地理學、生態學等領域的成果來研究生物的性狀．解釋進化論已成為主流。這就是所謂的綜合論（新達爾文主義）。

7. 新拉馬克主義

在傳統的理論中，生物的演化取決於偶然的突變，除非發生有利的突變，否則自然選擇就沒有意義。對此不滿意的研究人員不斷提出生物體本身必須決定演化方向的理論，對於長期追蹤變化的古生物學家來說尤其如此，這種思想被稱為新拉馬克主義。

新拉馬克主義認為後天性狀的遺傳是最重要的演化機制，新拉馬克主義的批評者指出從未提出後天性狀遺傳的可靠證據，儘管有這樣的批評，後天性狀遺傳仍然是 19 世紀末和 20 世紀初最受歡迎的理論。

一個代表性的例子定向進化論，依化石記錄，認為生物固有的力量導致進化朝某個方向發生，無論是否適應性。

19 世紀末，科學上將生殖細胞和體細胞分開，認為只有生殖細胞才能將性狀遺傳給下一代，體細胞所獲得的性狀不能遺傳，並批評了主張基因遺傳的新拉馬克主義，此外，此理論已被分子遺傳學知識所駁斥。

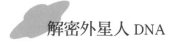

二、進化論和宗教

　　神創論主張《聖經》和《古蘭經》等經典中的創造者創造了萬物。

　　「生物進化論」的論點目前在學術界被接受為科學假說，但在某些宗教或國家中並不一定得到宗教或社會上的接受，美國就有反進化論的例子，包括美國南部在內的一些州，由於一些新教徒強烈的聖經立場，進化論被拒絕。肯塔基州正在建造一座否認進化論的創造博物館。

　　在天主教會，教皇約翰・保羅二世於 1996 年 10 月表示：「進化論不僅僅是一種假設，雖然我接受物理進化論，但人類靈魂是上帝的創造。」換句話說，進化論被認為與基督教是一致的，但有一個限制：作為人類心理活動來源的靈魂的出現與演化過程無關。1950 年的通論「人類基因」也允許對身體作為活有機體的起源進行研究，但在該通論發佈時，進化論被認為是未經證實的理論。1958 年出版的方濟會翻譯的《創世記》的評論指出，進化論已被證明是錯誤的隨後，教宗提出「上帝創造了生物，讓它們按照自然法則進化」，表達了進化論並不與神創論相矛盾的觀點。

　　近年來，神創論已被明確引入美國多個州的學校教育。1980 年代，法院裁決禁止將神創論引入科學教育。因此，一場「以科學闡明上帝的

創造」的運動興起，被稱為創世科學。然而，聯邦法院裁定，創世科學與神創論一樣，不是科學，而是宗教。美國民調公司蓋洛普 2010 年 2 月 11 日發布的一項調查顯示，40% 的美國人表示相信進化論，44-47% 的人表示相信上帝在自然條件下創造了人類現在的形態，大約在過去一萬年左右。

此後，創造科學運動試圖將智慧設計理論（ID 理論）納入公共教育，該理論承認宇宙以及設計和創造宇宙的生命的存在。

《智慧設計》以生物體內細胞和器官極為精密的機制為例，表示「不可能想像由複雜細胞組成的生物組織是僅透過演化創造出來的。」

認為設計是必然的。此外，與創世科學類似，它試圖為神創論提供科學基礎，但不是證明智慧設計的科學有效性，而是強調演化論的不足和尚無法解釋的生物現象。布希前總統也表示，「為了平等，學校科學課上不僅應該教授進化論，還應該教授智慧設計」，但一位發言人第二天收回了這一聲明。

2005 年 11 月，堪薩斯州教育委員會以多數票通過了 ID 理論的立場，並通過了科學教育標準，將進化論教授為「有問題的理論」。在賓州多佛學區的一個法庭案件中，智慧設計被裁定為宗教，而不是科學。

即使是保守的穆斯林也否定進化論。奉行伊斯蘭原教旨主義政策的阿拉伯伊斯蘭研究所網站上載有否認進化論的文章。土耳其政府決定不在公立學校的必修課程中教授演化論，理由是「理解進化論需要哲學背景，這對兒童和學生來說太難了」，但遭到了世俗主義者的批評。

　　神創論承認生物因遺傳而改變，例如，深色皮膚的人往往會生出黑色的孩子，高個子的人往往會生出高個子的孩子；老虎和獅子有一個共同的祖先，但其中一個有條紋種群；另一個由於它們被分成有鬃毛的種群，所以看起來相似，可能有相同的祖先。在某種程度上可接受這個想法，換句話說，神創論認為，數以百萬計的現代生物物種並不是一下子被創造出來的，而是在某種程度上可以追溯到一個共同的祖先。耶和華見證人認為，所有的陸地生物都起源於他們。相信在創世紀的大洪水中，它們全部被毀滅了，而諾亞方舟上的動物只有一種倖存下來。那麼，僅哺乳動物就有 4000 多種，而且都是陸地動物。從物理上講，不可能將每個物種放在一艘大型油輪大小的方舟上，因此，我們不必將每個物種一一放入船上，而是必須攜帶數百隻具有共同祖先的動物，每個物種都是被引入的一次一個，現代動物就是它們的後代。然而，在這種情況下，最多在 5000 年之內，數百種每種動物都進化到了我們今天所看到的程度。這種變化不是「進化」。例如否認從根本改變結構的演化，一如器官，例如魚類變成兩棲動物，爬蟲類變成鳥類。

　　進化論歷來受到各種宗教，尤其是亞伯拉罕宗教的反對，但在神秘學和新紀元領域，它已被納入教義本身。一個典型的例子是「進化」一詞，它指的是意識和精神本質（靈性）的進步和提升。有些人根據神秘學說描述了人類進化的過程。

　　有些生物學家是虔誠的信徒，有些則將生物進化視為神聖創造的過程，其中包括遺傳學家狄奧多西·多布贊斯基（Theodosius

Dobzhansky）和現代的分子生物學家弗朗西斯・柯林斯（Francis Collins）。另一些人相信自然神論，並相信生物的進化與他們的信仰是一致的。

三、智慧設計論

因為宇宙和自然世界的複雜性不能完全用機械和客觀的自然因素來解釋，需「設計」而來，即概念、意圖、意志和目的含在起作用。這是一種理論／運動，而且自我承認這是一門科學，執行設計者在神創論者認為是上帝，科學家視為偉大卓越事物（something great），研究外星宇宙者則說是外星人。

神創論和智慧設計相似但又有些不同，神創論是基督徒及穆斯林等相信聖經和古蘭經等並認為：「聖經是耶和華神的話，聖經中的一切都是正確的」的理論，這種說法也是正確的。因此，宇宙、地球和地球上的所有生命都是耶和華神創造的，這是看待自然的思考方式。

另一方面，智慧設計則始於積極觀察自然領域，認識並驚嘆於生活中的複雜和精緻，然後思考：「如此微妙的事物是自然的，這在未來是不可能發生的，如果那是在這種情況下，地球上的生命一定是由一位高度聰明的設計師設計的，這種複雜性證明了其中涉及一些聰明的東西，因此，雖然兩者的出發點不同，卻得出了相同的結論：生命是由某人設計的。

在現代是由 18 世紀的威廉・佩利（William Paley）提出的，佩利認

為，正如一個非常準確的精緻懷錶表示有製錶師的存在一樣，自然世界的秩序和複雜性也不可能沒有宇宙設計師的存在。

1990 年代是由美國反進化論團體和一些科學家所倡導的，里海大學教授 Michael Behe 就是一個例子。

此理論的目的是從神創論這種宗教話語中去除宗教表達，並能在一般社會和學校教育中被廣泛接受，所以造物者特點是被描述為「大智慧」而不是「神」。這使其能夠吸引非基督徒，並贏得了猶太人、印度教徒和穆斯林的支持，而且，透過淡化宗教主題，更容易避免政教分離的原則。

根據《舊約》記載，「上帝創造了人類的始祖亞當，他的妻子夏娃是用亞當的肋骨創造的」，這一點長期以來為猶太人和基督徒所相信。然而，一旦達爾文的進化論得到認可，並相信「原始動物逐漸進化成為人類」，關於如何解釋聖經記載的爭論就出現了。《智慧設計》並沒有採用「年輕地球理論」，即地球在幾千年前才被創造，而是保持了不那

麼宗教化的基調，聲稱「這個過程是一個偉大智慧的運作」，也為「偉大的智慧」被解釋為上帝留下了空間。

在美國有一場將智慧設計納入公共教育科學課的運動，布希等人支持 ID，稱「為了平等，不僅要講進化論，還要講智慧設計」。應該納入學校的科學課。

另一方面，有些人認為智慧設計是處理與科學分離的「道德問題」的工具，是與實際自然科學共存的意識形態，這意味著，「正如根據經驗可知，當人們思考倫理和道德時，智慧設計是一種有用的思維方式，智慧設計並沒有否定自然科學，而只是一種權宜之計。

生物學家理查德・道金斯（Richard Dawkins）為大眾撰寫了大量科學指南，他出版了一本批評一神論宗教的書，其中他還對智慧設計進行了詳細的反駁。

智慧設計不被宗教界所接受，包括天主教會。儘管進化論普遍被誤解，但天主教並沒有否認進化論；相反，教皇約翰・保羅二世留下了普遍認可進化論的言論，這是因為進化論並不一定否定創世論，而且由於進化論並沒有延伸到生命的起源，所以在那裡就有可能找到上帝的存在（可以理解為被創造），換句話說，即使有空間用智慧設計取代上帝，它也用「大智慧」取代它，對他們來說，智慧設計比進化論更威脅上帝的存在。

在生物學領域，創世科學家也指出了生物體內細胞和器官極其微妙的機制「由複雜細胞組成的生命組織不可能透過進化、自然選擇、自然

選擇等方式自行產生。」在創造某種東西時，有必要以「高水準的智能」進行設計。這個論證遵循「設計論證」，這是上帝存在的傳統證明之一，然而，從反對神創論的角度來看，沒有提供具體證據來支持這一說法。

能夠從無到有創造複雜細胞的存在是如何產生的？

新的問題出現了，例如，「除非我們能夠證明存在一種超出人類理解的高度先進的智能，否則我們只是推遲了這個問題」，以及「因為上帝不能按原樣被教導」，批評者認為提出這個詞只不過是用另一個字「偉大的智慧」取代它來掩蓋宗教色彩。

生物學家對 DNA 的研究揭示了創造生命所必需的極其複雜的序列；為此，某種智慧生物的參與至關重要。

在美國，神創論被視為宗教而被強烈拒絕，有一種觀點認為，教育環境中不再教導聖經主義是當今美國社會問題的根源。它似乎被那些相信的人所接受，即使為了被一般社會所接受而消除宗教表達，也有必要傳播這樣一種觀念：一切事物都不是偶然的產物，而是有意創造的，然而，如果沒有宗教情感，就很難談論涉及人類內心根本問題的問題。

2000 年左右，倡導智慧設計的組織發起了一項運動，其中包括活躍的探索研究所（Discovery Institute），內容不是教授智慧設計本身，而是「讓我們教授進化論有缺陷這一爭議，以及存在替代理論。」2005 年基茨米勒訴多佛學區案裁定智慧設計在學校教授時不具有科學有效性，此後「教導爭議」運動獲得了動力。在這種情況下，智慧設計不一

定被引入作為進化論的替代理論，發現研究所的喬治·吉爾德明確表示
「智慧設計沒有任何實質內容可教。」關於這場運動，有人指出，絕大
多數智慧設計主張確實值得稱為爭議，而且這不是一場科學辯論。

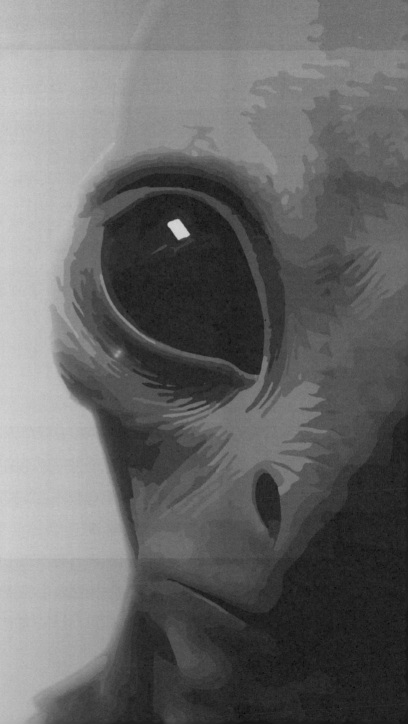

第 3 章
———
第三章進化論的迷與惑──錯誤理論

一、長頸鹿的長脖子無關演化

達爾文在 1859 年出版《物種起源》書，基本上用以下邏輯解釋了進化的機制：

- 一個物種內的個體在形態和生理上具有顯著的連續變異，
- 這種變異是隨機發生的並且是可遺傳的。
- 動植物種群具有很高的繁殖能力。
- 然而，資源是有限的，種群中的個體必須為自己和後代的生存而奮鬥。
- 因此，只有一些最適合的個體能存活下來並留下具有相同特徵的後代（適者生存）。
- 透過這種適者的自然選擇（天擇），一個物種成為更適應的個體組成。

這種解釋的前提只是遺傳變異性和有限資源，而結果的自然選擇、淘汰可以說是自動推演出來的。但是否可透過選擇偶然突變來解釋當今存在的生物多樣化和複雜整合的生物體？這個問題沒有答案，甚至在今天，某些方面也沒有得到最終的解答。

達爾文自然選擇理論指大自然盡力將理想的個體留在其環境中，而忽略劣等的個體。例如，當一個有機體產生的後代數量超過其實際生存能力時，個體之間就會出現生存競爭，此外，即使在同一物種的個體中，

也有適應環境的和不適應環境的，在這種生存競爭中，具有優勢突變的個體得以生存，有這些特徵的個體和品種得以生存並留下後代，為新物種的產生奠定了基礎。

達爾文適者生存指適者生存就是在自然界的生存競爭中，具有最有利突變的個體或物種的生存，個體層級的重覆突變導致個體物種的變化，變異後更適應環境的個體得以存活下來，並將其特徵傳給後代，一代又一代地重覆這個過程，生物逐漸變成更適應環境的物種，另外，這種變化是根據環境的變化而進行，適應方向的變化。

之後德國理論動物學家海克爾（Haeckel）將達爾文的進化論引入德國，並在此基礎上繼續研究了人類的進化論，出版了《自然創造史》，致力於普及達爾文主義。

進化論與奧地利科學家孟德的遺傳學說有關，孟德爾是現代遺傳學

的創始人。儘管幾千年來農民就知道動植物的雜交可以促進某些理想的性狀，但孟德爾在 1856 年至 1863 年之間進行的豌豆植物實驗建立了許多遺傳規則，現稱為孟德爾定律，此定律使進化論達到了一定程度的可信。

新達爾文主義（Neo-Darwinism）是將達爾文主義的核心自然選擇學說與孟德爾遺傳學說的變異學說融合，從基因頻率差異的角度重新思考自然選擇，對物種進化如何從自然選擇中產生的更嚴格的考慮，也是達爾文和孟德爾的現代演化綜論。

目前達爾文的演化論已經獲得壓倒性的科學家支持，也是唯一能滿足各領域中所觀察到的現象的理論，作為物種起源和人類起源解釋的科學，也成了學界共識；然而達爾文的演化論與宗教觀點相悖，甚至引發法律問題；近年來更有挑戰演化論者。

「為什麼長頸鹿的脖子這麼長？」是一個常被用來解釋進化論的問題「為什麼長頸鹿的脖子那麼長？」這個問題目前還沒有得到科學上的完美證明，有各種各樣的說法來解釋。主導理論是基於達爾文的進化論，長頸鹿為吃高大樹葉上葉子致基因突變使脖子拉長，基於用進廢退及適者生存理論，只有長脖子的長頸鹿得以生存，但考古尚未發現介於短頸和長頸長頸鹿之間的「中等頸部長度」的長頸鹿化石是一個大問題。

此外，進化論認為大多數突變不利於生存，所以不構成進化的基礎，理由是基於分子生物學正在闡明的「基因突變的積累」，至於適者

生存說法，不一定是適者生存，而是幸運的個體生存。因此，適者生存不能說是進化的基礎，生物體的機制和習性都非常複雜，不可能通過逐漸變化的積累來實現，病毒進化論則可以解釋這一切，但具體機制尚未明瞭。

像長頸鹿這樣棲息地狹窄的物種，由於食物環境的急劇變化，在短時間內進化時，因所剩無幾而找不到「進化中途化石」的情況並不少見（所謂缺失環節），這是否定基於達爾文主義的進化論的理由之一。

根據《物種起源》，進化被認為是從一個物種個體開始的，或者說是少數物種個體，這些特定的物種個體在今天的新達爾文主義中被稱為突變。

這種突變產生的個體無論是形態還是行為，都比其他個體具有生存優勢，可以說，達爾文主義的精髓就是被打敗者滅亡。

但是，這種思維方式只不過是藉了英國經濟學家馬爾薩斯在其《人口論》一書中所描述的思維方式，可以認為只是簡單地將人類社會的現象納入了生物社會。

首先，馬爾薩斯的人口理論（更準確地說是人口原理）指出「人口呈幾何級數增長，而糧食生產僅呈等差級數增長，人類的貧困和飢餓作為一種自然現象是不可避免的」。鼓吹適者生存和自然選擇（natural selection）作為一種社會學說，但在當時資本主義開始興起的時候，對於歐洲來說，這個想法符合大多數人的想法一直持續到今天。

令人遺憾的是，儘管有英國哲學家認為「進化論是歷史，無法驗

　　證」，但達爾文的進化論早已被各國認證。在學生時代的生物課上都學過達爾文的進化論，但並不是教科書上寫的都是正確的。

　　對達爾文的進化論被提出多項質疑：劣質個體被淘汰，而優等個體有更大的生存機會，這是真的嗎？是否有可能像新物種的誕生這樣的大變化？實際上是由於小的突變和自然選擇而導致的個體變化的小積累的結果？出土的化石所展示的事實與達爾文進化論所描繪的情景是否一致？

　　根據自然選擇理論，跑得慢的斑馬成為獅子的獵物而被淘汰，而跑得快的斑馬得以生存。然而，由於獅子會立即攻擊獵物，不會因為速度慢而被殺死，也不會因為速度快而存活下來，完全取決於是否被獅子發現，通過自然選擇和適者生存的無向進化是錯誤的，應改稱為「幸運者生存」而不是「適者生存」。

　　進化論認為長頸鹿之所以有長脖子，是因為進化論發揮作用。進化論認為每一種生物，雖然是適應環境的簡單原始生物，但通過自然選擇已經進化了幾萬年。

　　起初，進化論之前有科學家提出了「無用論」，即 「長頸鹿的祖先是高處的一棵樹，當他們試圖吃樹葉時，他們的脖子變長了，這會遺傳給他們的後代。」

　　接下來，達爾文提出了「自然選擇說」，即「長頸鹿是基因突變」，物種因變異而生，在生存競爭中佔據優勢並世代相傳。換句話說，進化論者認為長頸鹿的長脖子是因為可以與食草動物分開生活，更容易生存。亦即在生存競爭中，一定的環境最適合「能夠生存」的生物體。

　　另一個原因是「長頸鹿從森林來到草原，腿變長了，但因為吃草不方便，脖子變長了。」

　　如果進化論是正確的，就會出現下列各種問題和矛盾。

《邏輯上不可能》

- 矮小的長頸鹿和長頸鹿在進化過程中將無法生存。

- 與長頸鹿生活在同一地區的短頸動物也很難生存。物理上不可能延長頸部，因為需要改變結構，而且短脖子羊也易吃低矮樹木的葉子而生存下去。

- 雌性長頸鹿有時會低下脖子吃矮樹上的樹葉，但應該很難吃到。

- 草原遷徙說是錯誤的，因為草原有肉食性的獅子和豹子，所以生存更困難。長頸雄性戰力強的說法是另類思考，如果把角和獠牙進化磨尖，應該會更容易、更強壯。

- 長脖子受雌性歡迎的理論，那為什麼其他動物的雄性不模仿呢？

《結構上不可能》

- 將血液泵送到心臟上方兩公尺的頭部是極其困難的，貧血很快就會發生。而且易摔死因此，長頸鹿具有非常不一樣的器官系統。

- 心臟有強壯的心肌，可以產生 260mmHg 的血壓，大約是人的兩倍。在後腦勺，細小的毛細血管伸展成網狀結構，因為配備了長長的脖子，所以即使抬起或放下也不會感到頭暈。

- 血管彈性高，頸靜脈瓣膜防止血液回流。

- 腿部皮膚變硬，不會充血。長頸鹿有七塊頸骨，和人類一樣，長頸鹿的第一胸骨不是固定的，可以活動。長氣管使得每次呼吸都很難完全置換肺部的空氣，因此，它們的肺活量大約是人類的八倍。

《 幾乎不可能 》

- 如果進化的話，應該已經發現了短中脖子長頸鹿的化石，但是一直沒有發現。

- 缺乏進化中間體化石是進化論的致命缺陷。稱為「Missing- link」，但不是「丟失」，是不存在的。

　如果由於突變和自然選擇從物種 A 逐漸通過物種 B 和 C 再到物種 D，那麼物種 B 和 C 的化石應該介於兩者之間（達爾文將它們描述為「過渡性化石」），但是沒有中間化石是進化沒有發生的證據。然而，達爾文不相信進化是以線性方式發生的，A → B → C → D。

防止血液倒流
的瓣膜

達爾文自己設想的進化順序的《物種起源》是一種樹枝狀模型，其中種子像樹枝一樣分裂，而今天倖存下來的物種是尖端狀的葉子。因此，就像單片葉子通過樹枝連接到樹的基部，但葉子是孤立的，沒有直接聯繫一樣，所以很難找到連接現代物種的活著的中間物種。

從這個角度來看，「中間物種」並不是現存物種之間的直接聯繫，而是代表進化中間階段的化石。如果是這樣的話，兩棲爬行動物可以說是從魚類進化到哺乳動物的中間物種。黑猩猩和人類沒有直接關係，但如果我們追溯它們的進化譜系，會在某個時刻相遇，從那時起，在猴子和人類之間有無數的中間物種。

儘管如此，如果像長頸鹿這樣的長頸動物是從短頸物種進化而來的，那麼是否應該找到中頸物種的化石就值得考慮。達爾文很清楚這一點，在《物種起源》第6章中，討論了他的理論的一些疑点，他考慮了這個問題並提供了一個初步的答案。首先，化石記錄並不完美，因為化石只在非常罕見和特殊的地形條件下形成，此外，目前已經發現的化石只有一小部分必需進一步挖掘才行。如果繼續下去，更多的中間物種才會被發現，其次，當一個物種出現分化時，中間類型一般分佈範圍較窄，個體數量較少，因此不太可能成為化石。

長頸鹿的脖子之所以長這麼長，並不是因為伸長了脖子去吃高大樹木的樹葉，問題在於是否真的沒有長頸鹿的祖先具有中等長度的脖子，或者長脖子是否不利於自然選擇。

長頸鹿的祖先與霍加披（Okapia johnstoni）有關，霍加披是一種偶

蹄動物，屬於長頸鹿科的霍加披屬，偶蹄類哺乳動物（有人說是鯨類），分布在剛果民主共和國中部、北部和東部。

　　霍加披的脖子較短以往認為屬於斑馬科，但由於幾個特徵，顯然屬於長頸鹿科，像長頸鹿一樣，是偶蹄類動物，有兩個偶蹄。但屬於奇蹄目的斑馬只有一隻蹄子，而且霍加披頭上有兩個毛茸茸的角。由基因研究得知現代霍加披的近親是長頸鹿祖先，據信，生活在森林中的霍加披進化為適應草原，再進化為今天所知的長頸鹿。事實上，長頸鹿比霍加披有更長的脖子和更大的身體，而且非常適應草原生活，例如群居。

　　哺乳動物，除了少數例外，都有七塊頸椎（椎骨的頂端），頸椎越長，脖子就越長。除霍加披和長頸鹿外，還存在具有各種頸椎形狀的滅絕物種。如已經滅絕的物種之一，薩摩麟（Samotherium）的外觀，薩摩麟是長頸鹿科下已滅絕的一屬，生活在中新世和上新世的歐亞大陸和

非洲大陸，可以看到薩摩麟脖子的長度大約是霍加披和長頸鹿的一半。在這個階段，脊椎的顱側被拉長，然後脊柱的尾側拉長等。

為什麼長頸鹿科中脖子最短的霍加披和脖子最長的長頸鹿倖存下來，而其他半成品物種卻滅絕了？有跡象表明，長頸鹿生活在草原上，而霍加披則生活在森林中。在草原上更容易被捕食者發現，因此敏捷的腿和龐大的身體有利於避免捕食。因此，人們認為長頸鹿的腿很長，可以跑得很快，脖子和腿一樣長，可以喝水。相比之下，霍加披已經進化到可以用它們的保護性水平條紋躲避森林中的捕食者。但無法逃避災難的物種一定已經滅絕，不能在森林或草原上生存。

長頸鹿的脖子很長，即使長長的脖子能讓看得很遠，可以隨意吃大樹的葉子，但需要高血壓把血液推到頭頂，心臟負担也很重。

長頸鹿身高約 5 公尺，心臟高出地面 3 公尺，需要向高出 2 公尺的大腦輸送大量血液。大多數其他動物的脖子都很短，而且是四足動物，所以大腦和心臟的高度差很小，不會出現這個問題。長頸鹿的舌頭長達 40 厘米，透過纏繞位於高處樹木的葉子來進食。此外，由於可以從樹葉中獲取足夠的水分，不需要從綠洲喝水，因此許多生活在非洲的長頸鹿即使在旱季也不會遷徙。

比較哺乳動物的血壓，兔子 110、狗 112、老鼠 113、人類 120、牛 160、豬 169、貓 171、大象 240、長頸鹿的血壓則為 260mmHg。然而，長頸鹿並不會有高血壓，這是因為長頸鹿需要高血壓才能將足夠的血液輸送到頸部上方的大腦這一自然原理

　　長頸鹿低頭喝水時，從心臟到體表 3 公尺處的靜水壓（30000/13.5）為 220mmHg，相當於頸部血壓中血液的重量水。以這個速度，結合上述 260mmHg 的血壓，計算結果是 480mmHg 的壓力同時施加到頭部。另外，如果突然抬起頭，高度會一下子從 0 變為 5 公尺，所以這（50000/13.5）血壓會瞬間下降 370 次，連水都不能喝，如果突然抬起頭，可能會患上腦貧血。

　　事實上長頸鹿的頸部靜脈各處都有靜脈瓣膜以防止回流，頭後部有一個特殊的網狀毛細血管團，稱為奇蹟網（Wonder Net），可提供緩衝，證明可以作為一種裝置發揮作用。換句話說，當長頸鹿低頭嘗試喝水時，神奇網吸收血液，防止大量血液一下子流入大腦，然後再釋放出來，防止血壓突然下降。

　　脖子短的人有時也會做倒立，但都是 10 秒左右，因為沒有止回閥或奇蹟網裝置，所以如果時間長的話，由於施加於腦血管的靜水壓力有血管壁破裂的風險，此外，眼睛可能會充血並引起眼底疼痛。

　　長頸鹿的祖先霍加披短脖子也有同樣類似結構，進化論無法解釋，長頸鹿的祖先難道早已預知後代的長脖子長頸鹿需此種脖子結構才能生存嗎？演化論不是完美理論。

二、寒武紀大爆發幾乎可推翻進化論

　　寒武紀大爆發（寒武紀生命大爆發，Cambrian explosion），是指相對短時期的演化事件，開始於寒武紀時期，化石記錄顯示絕大多數的動

物都在這一時期出現,且持續了接下來的 2 千萬年至 2.5 千萬年。

寒武紀(Cambrian)是顯生宙(Phanerozoic)的開始,距今約 5.41 億年前— 4.854 億年。

寒武紀之前(5.40 ～ 4.88 億年前),幾乎沒有發現動物化石,寒武紀大爆發是發生在 5.3 億年前,寒武紀地層中發現了各種珊瑚、軟體動物、腕足動物和三葉蟲,雖然數量不多,但發現了高度分化的動物,如多細胞動物,但在此之前的地層中,所有的動物化石幾乎都沒有多細胞。

贊成進化論學者認為生物進化一定是緩慢進行,如果真是這樣,那麼從前寒武紀開始,各種簡單的多細胞動物化石應該出現,但沒有出現是個謎,進化論學者解釋這一點,「那個時代的地層不知為何缺失了」、「多細胞動物的祖先過著難以成為化石的生活」、「因為非常小且柔軟」沒有變成化石。

「寒武紀大爆發」被解釋為一種生物系統在寒武紀早期突然出現的現象。隨後分子遺傳學的進展顯示，在寒武紀大爆發前約 3 億年，基因發生了爆炸性的多樣化，而主流觀點認為宏觀進化並沒有在寒武紀早期的短時間內發生。因此，寒武紀大爆發是「化石記錄」的爆炸性多樣化，不一定是進化大爆發。

1998 年，進化生物學家和古生物學家提出了「光學開關假說」，指出由於有眼生物的誕生導致選擇壓力增加是寒武紀大爆發的原因。生命史上第一次誕生了有眼睛的生物是三葉蟲，透過積極捕食其他生物，三葉蟲比沒有眼睛的生物獲得了優勢。該理論認為，獲得眼睛和其他硬組織的生物能夠克服捕食的困擾。因此，化石記錄似乎在短時間內出現了多樣性爆炸式增長，所以進化論學者推測寒武紀大爆發是「許多動物同時獲得眼睛硬組織的現象」。

在此之前，寒武紀大爆發被歸因於雪球地球（Snowball Earth）的終結，雪球地球終結與寒武紀大爆發之間至少相隔了 3200 萬年，因此即使有關係，也是間接。雪球地球是為了解釋一些地質現象而提出的假說，該假說認為在新元古代時候地球曾經發生過一次嚴重的冰河期，以至於海洋全部被凍結。

寒武紀大爆發是發生在 5.3 億年前的歷史事實，當時不存在的複雜新物種在較短的時間內出現在化石記錄中，例如捕食者奇蝦（anomalocaris）就是在那個時候誕生的。幾乎所有的現代生物物種都可以追溯到這個「生命的繁盛階段」。

　　要發生像寒武紀這樣的生物多樣性大爆炸，大量的資料必須迅速流入生物圈，現代進化論者（新達爾文主義）設想的漸進過程無法解釋此一現象。進化論者認為寒武紀大爆發不是單一現象，化石記錄證明，自從 40 億年前地球上出現生命以來，30 億年的進化積累只導致了一種叫做寒武紀大爆發的現象，所有類型的軟體動物和微生物在前寒武紀化石已經出土，提供了對從簡單系統到復雜系統的形態演化過程的清晰過程。

　　在寒武紀之前，幾乎沒有發現動物化石，但所有分類上不同門的動物化石都突然出現在緊接著的地層中，這些化石和現代動物一樣複雜，有眼睛，包括脊椎動物，此一寒武紀大爆發現象幾乎可推翻進化論。

三、年代測定的疑點

　　如果我告訴你，人類的歷史、地球的年齡、宇宙的年齡都不到一萬年，你會感到驚訝嗎？

　　進化論被一遍又一遍地講授：「地球在 45 億年前誕生，在漫長的歲月裡，生命誕生，生命進化，最後誕生了人類。」，是嗎？真的？如果像進化論者所說的那樣，地球有 45 億年的歷史，宇宙有 150 億年的歷史，那麼這段時間足以讓生命出現、進化，也足以讓人類出現，是嗎？

　　獲得諾貝爾獎的匈牙利生物化學家森特・喬治（Szent Giorgi）回應了進化論「生命是在很長一段時間內偶然產生的」這一說法，指出時間解決一切的邏輯是絕對不可能的。這就像說，如果你隨意堆砌磚塊，然

後不管它們，一座希臘神廟就會自己出現。

今天，許多科學家認為，自達爾文以來的 150 年還無法被證實的演化論不再是科學，而是一種信仰。他們對進化論的研究越深入，就越會遇到進化論是不實的。其中不乏像牛頓、愛因斯坦這樣的科學家，他們最終承認了自己的錯誤，並在宗教世界中找到了答案。遺傳學家米歇爾·丹頓（Michelle Denton）曾表示：「達爾文的進化論是 20 世紀最大的謊言。」這是因為演化論不僅把生物學引向了完全錯誤的方向，也把心理學、倫理學、哲學等各個領域，甚至人類文明本身都引向了錯誤的方向。

那麼為什麼這個虛假進化論會得到這麼多人的支持呢？第一個原因是學校教育的影響，學生假設他們在學校學到的東西是正確的，因此，如果他們在生物課上學習進化論，他們幾乎會自動相信它。進化論得到廣泛支持的另一個原因是心理效應，換句話說，世界上存在著「宗教」與「科學」的爭論，但一般來說，進化論屬於科學陣營，而神創論屬於宗教陣營。因此，「宗教」對「科學」就變成了「非科學」對「科學」，既然沒有人願意不科學，那麼選擇進化論自然比神創論更好。心理上很容易。

根據進化論者的說法，人類的祖先是在 250 萬年前出現的，但是當我們使用當今常用的一種稱為碳 14 法的測年方法來檢查人類化石時，我們發現結果表明示它們的歷史還不到一萬年。那麼進化論者是從哪裡得出 250 萬年這個龐大的數字呢？這是一種稱為「鉀 - 氬法」的測年法

的結果。這種方法利用放射性鉀的半衰期，即 13 億年來測量年齡，但這就像用只有時針的鐘錶測量秒一樣，極其不準確。例如，當使用這種方法測量夏威夷華拉萊火山 170 年前形成的熔岩時，發現它已有 1.6 億年的歷史。雖然類似的例子還有很多，但進化論者之所以採用「鉀—氬法」，只是因為結果方便他們的想法，而這需要很長時間。另，根據聖經的字面解釋，人類大約在六千年前被創造出來，碳 14 法的結果實際上支持了聖經中人類的年齡，即 6000 年。

其次，據觀察，進化論者所說的地球年齡有 45 億年，但實際上地球的年齡卻出奇地年輕，理由是依地球磁場的測量結果，自 1829 年以來，每年都會測量地球磁場，且磁場逐漸減弱，由此我們估計地球的年齡為 8700 年。大氣中氦含量的觀測也顯示地球還很年輕。氦氣是地殼岩石中的鈾、釷等放射性物質衰變時產生的，並被釋放到大氣中，據此推算地球的年齡不到一萬年。其他觀測結果包括海洋沉積物的深度、月球表面宇宙塵埃的年齡（被認為與地球的年齡大致相同）以及大氣中碳 14（C-14）的含量。結果顯示，地球的年齡還不到一萬年。這個年齡與

· 鉀氬定年法分析岩石礦物形成年代

地球的年齡非常接近，根據聖經的字面解釋，地球的年齡約為 6000 年。

而且，如果宇宙的年齡是按照進化論者所說的 150 億年來計算的話，就會出現很多矛盾。特別是對超新星的研究表示，宇宙實際上非常年輕，據天文學資料，星系中平均每 25 年就會發生一次超新星爆炸。第一次爆炸後約 300 年，超新星一直處於稱為「第一階段」的狀態，在此期間，爆炸產生的碎片高速分散到周圍環境中，在我們的銀河系中已經觀察到了第一階段的五顆超新星，超新星的「第二階段」是從爆炸後 300 年開始，一直持續到 12 萬年後，在「第三階段」，膨脹的碎片物質開始失去熱能。第三階段，即最後階段，是在超新星爆炸後 12 萬年開始，持續 100 萬至 600 萬年。

所以，如果我們的銀河系誕生於 100 億年前，正如天文學家所說，我們應該發現大約 5000 顆第三級超新星，但實際上，一個也沒有發現，這一事實讓進化論者感到困惑，但它並不與聖經的創造理論相矛盾。根據聖經的字面解釋，宇宙的創造大約是在六千年前，如果是這樣的話，那麼找不到第三階段超新星也就不足為奇了，第二階段超新星也是如此。目前，我們銀河系已發現 200 顆二級超新星，這也非常符合創世論，認為宇宙是在大約 6000 年前創造的，每個階段超新星的數量是宇宙年齡的一個很好的指標，沒有超新星碎片顯示上帝最近才創造宇宙。

而關於人類的誕生，進化論者長期以來認為，南方古猿等「猿人」演進為爪哇人、北京人等「原始人類」，並從那裡出現了尼安德特人和其他人類，也解釋說，出現了「舊人」，最後出現了克羅馬努人等「新

人」。然而，最近有大量證據表明這種想法是錯誤的。事實上，被稱為「新人類」的現代人類與進化論者所說的「猿人」、「原始人」和「古人」生活在同一時代，人們已經發現了許多這種共存的例子，現在可以肯定的是，現代人類與所謂的「猿人」、「原始人」和「古代人」同時存在。

人類不是從猴子或類人猿動物演化而來的。在人類歷史上，從來沒有出現過「猿人」→「原始人」→「舊人」→「新人」這樣的進化發展。那麼，進化論者所說的介於類猴動物和人類之間的南方古猿、爪哇人、北京人、尼安德特人等到底是什麼？猿猴不是人類的祖先，而是另一種動物。爪哇人和北京人都是如此，是把相近的人骨和猴骨結合在一起製成的。進化想像就是這樣把在這種情況下發現的各種骨頭聯繫起來，而且，當我們後來再次檢查地層時，我們發現在同一地層中，發現了同一人類遺骸被發現。

所以根本不存在「猿人」或「原始人」這樣的生物，其中有猴子、已滅絕的類猴動物和人類。猴子和人類之間不存在化石，這證明了猴子從一開始就以猴子的身份存在，而人類從一開始就以人類的身份存在，化石記錄顯示，猴子和人類是同時被創造並開始存在的，正如聖經所說的一樣。

元素具有同位素，它們是相同的元素，但重量略有不同。其中，有些會隨著時間的推移發射電子、質子和中子，改變其原子序數，並轉變為不同的元素（放射性衰變），這是一種放射性同位素元素。

碳是一個熟悉的例子，碳有三種同位素：C12、C13 和 C14，其中

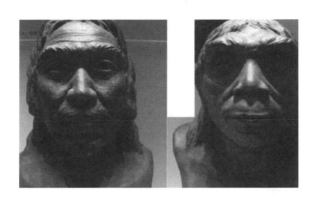

・猿人

98.9% 為 C12，1.1% 為 C13，然而，自然界中也存在極少量的 C14，大約是萬億分之一，當然，它也存在於生物體內，這種 C14 稱為放射性同位素，會自然衰變成氮 N14。

原始放射性同位素的量變成初始量的一半所需的時間稱為「半衰期」，C14 的「半衰期」是 5730 年。

在現代科學中，透過檢查原始同位素的數量與衰變產生的同位素的數量之間的比率可確定物體的年齡，換句話說，就是利用半衰期來確定物體的年齡。

使用 C14 測年稱為「碳 14 法」，例如，假設在當前存在的廢墟中發現了木管樂器，如果當中有 10,000 個 C14，那麼 C14 直到數量減少到一半，5000（剩下的一半衰變成氮）需 5730 年，再過了 5,730 年才達到這個數字的一半，即 2,500。因此，如果 C14 的數量是原來數量的 1/2，那麼已經過了 5730 年，如果剩 1/4 表示 11460 年過去了，剩 1/8 表示 17190 年過去了，這意味著放射性同位素的自然衰變總是恆定的。

其他放射性同位素，例如鉀氬法 12.6 億年，鈾鉛 45.1 億年，銣鍶法 468 億年等。

但實際上，碳 14 法才是可以評估可靠性的方法，這是因為碳 14 方法的可靠性是透過與已知年代的考古文獻和材料進行比較來確認和修正的，前提是它們的歷史可以追溯到大約 4,000 年前，其他方法（如鉀氬法）無法檢查其可靠性。

鉀—氬法常用於確定地質時期的絕對年齡，然而其實是很可疑的。

例如，爪哇古人類的化石據說已有數十萬年的歷史（根據既定理論，有數萬年），聖海倫斯火山（美國）於 1980 年噴發，至今已有 35 萬年的歷史，納霍火山（紐西蘭）於 1954 年噴發了 350 萬年，埃特納火山（義大利）1972 年噴發了 35 萬年。

像這樣年代測定極為可疑，類似這樣的例子還有很多。此外，很明顯夏威夷火山在 1800 年至 1801 年間爆發，但測定這塊岩石的年齡時居然有 29 億年的歷史，可比美地球的年齡（46 億年）目前廣泛使用的年代測定方法及其數值不再是可信的。

事實上，進化論者根據鉀 - 氬法認為最早的人類距今已有 2 至 300 萬年，但是當使用碳 14 方法來確定人類的年齡時會發生什麼？將會出現一個完全不同的數字。E. Harronquist 博士描述了使用碳 14 方法檢查的各種樣本。智人頭骨被認為是最古老的化石之一（進化論者稱其有 20 萬至 30 萬年的歷史），但根據碳 14 方法計算，其歷史只有 8,500 年。南方古猿的年齡在 100 萬至 200 萬年之間，但用碳 14 法測定的埃塞俄

比亞奧莫河流域（與發現南方古猿的地點相同）的動物骨骼年齡僅顯示 15500 年。非洲肯亞奧杜瓦伊峽谷（Janjanthropus 的發現地）中的哺乳動物骨骼據報道已有 200 萬年的歷史，但實際上只有 10,100 年的歷史。

關於碳 14 測定，如果讀者去大學圖書館，在科學閱覽室拿起一本放射性碳雜誌，並自己做一些研究，就可以證實這一點。你可能會驚訝地看到日期和研究結果。

數百名科學家已使用碳 14 方法測定了所謂的史前化石的年代。這包括尼安德特人、克魯馬努人、布羅肯希爾人、猛獁象、唐人、劍齒虎和其他滅絕的動物，以及樹木、森林、煤炭、石油和天然氣化石的日期，所有這些都很少且相差甚遠，原來只有幾千年的歷史。

這是怎麼回事？根據碳 14 法，進化論者給出的年齡為「200 萬至 300 萬年」的化石都沒有幾萬年的歷史，以碳 14 法計算，人類最多只有數萬年的歷史。進化論者忽略了碳 14 方法，而堅持基於鉀氬方法的人類「數百萬年」的數字，但這並不是因為他們相信鉀氬法的數字，他們只是想用盡可能大的數字來適應人類的年齡。事實上人類的年齡還不到幾萬年。

此外，如果我們承認過去地球上確實發生過全球性洪水，那麼基於碳 14 方法得出的人類年齡「數萬年」就必須調整為一個小得多的數字如前所述，透過將大約 4,000 年前的數據與已知的考古日期進行比較和調整，碳 14 方法的精度得到了改善。神創論者認為，大約 4，500 年前發生過一場全球性洪水，但接受這一點需要在測量早期樣本時進行修

正。

這是因為碳 14 方法的前提是「大氣中碳 14 的含量始終保持恆定」。然而，如果大約 4500 年前地球上方存在「水蒸氣層」，那麼當時大氣中碳 14 的含量會比現在低得多，這是因為水蒸氣層阻擋了宇宙射線、來自太空的輻射的進入，並減少了宇宙射線在大氣中產生的碳 14 的量。

碳 14 法利用了碳 14 隨著時間的推移放射性衰變並轉變為氮 14 的現象，植物透過光合作用從大氣中獲取碳，因此活植物細胞的碳同位素組成與大氣中的碳同位素組成相同，動物具有相同的成分，因為它們在食物鏈中與植物相連。當生物死亡時，碳 14 就會停止補充，因此碳 14 會隨著時間的推移而減少測量該減少的時間量並修正時間，但幅度不大。

正如氣象學認為二氧化碳是全球暖化罪魁禍首的理論實際上是一個彌天大謊，地質學也是如此有相當多的謊言。教科書中關於地質年代的部分是這樣寫的：生命在 38 億年前就出現了，並在古生代開始爆發式繁殖，從 5.4 億年前，然後 2.4 億年前就變成了中生代，六千五百萬年前，就變成了新生代等等，這些多數是使用鉀 - 氬法計算的。

事實上，應是年輕得多，換句話說，地球的生物歷史有可能相當年輕。

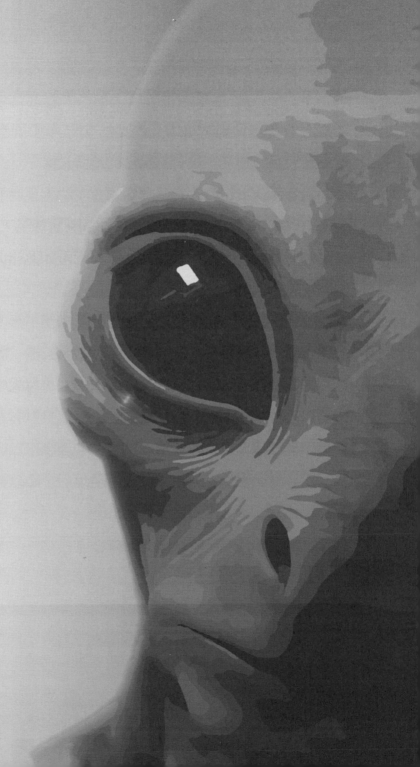

第 4 章

不可思議 DNA

一、中國古老易經與現代遺傳學

　　筆者在 1980 年就發表一篇文章「中國古老易經與現代遺傳學」，這是全世界首篇相關論述，之後在 2011 年中國學者引用重視此文內容並進行有系統研究，筆者可說是此領域先驅。

　　自古以來，很少人能了解中國古老的太極圖形的意涵，因此一直被視為神祕的象徵。然而天文學家在距離地球三千萬光年處發現的 M51 漩渦狀銀河系，它的形狀為何與太極圖形如此相似？難道古代人有辦法看到這麼遙遠的星系？

　　易經是中國古典名作之一，可以用來預卜天文、地理、算命，其道理非常深奧，然而卻是符合天文、數學、宇宙、物理及生物學原理的。

　　易經的真正作者到底是誰已無法得知，傳說中是伏羲氏所創，據說伏羲氏是「人面蛇身」或「人面牛身」並且具有超能力。易經與遺傳基因有密切關係，但絕非單純以「巧合」兩字可以解釋清楚。「伏羲」認為宇宙本質為陰、陽兩要素組成。陽以一，陰以符號表示，分別代表許

・易經——史前超文明（組圖）作者：江晁榮博士發表：2011-04-2023:52 深奧的易經竟是史前超文明？
本文網址：https://tw.aboluowang.com/2015/0202/509044.html

多對立關係。陰與陽相互作用是「生命」的開端。

　　我們先談談遺傳基因 DNA 的構造，再來談論與易經的關係。遺傳基因 DNA 掌管所有生物細胞的遺傳因子叫 DNA（去氧核糖核酸），1953 年兩位生化學家華生與克理克發現了 DNA 是以雙螺旋狀態存在，並且有複製功能，能將上一代遺傳特性傳給下一代。與遺傳有關的為四種含氮鹽基化合物，是為腺嘌呤（簡稱 A）鳥糞嘌呤（簡稱 G），胞嘧啶（簡稱 C）以及胸腺嘧啶（簡稱 T）。

　　A 與 T，C 與 G 彼此用化學鍵結合成對，一個 DNA 分子有無數對 AT 及 CG，AT 與 CG 對的排列就決定了遺傳特性。

　　DNA 分子可以指揮生合成胺基酸，胺基酸合成為蛋白質。DNA 分子生合成胺基酸時必須先將雙螺旋解開成單鏈狀，再依單鏈上 A、T、C、G 四種含氮化合物排列順序來決定到底生合成那種胺基酸分子。指揮生合成一種胺基酸必須以三個含氮化合物為一組合，因為對於生物體所需要的胺基酸而言，若以二個一組，則四的平方等於十六個，顯然不夠，因此，三個一組的話，四的立方等於六十四個，剛好能恰巧地滿足二十種胺基酸，六十四種組合中有些代表無意義組合，有些則為合成起始符號或終了訊號，而一種胺基酸可能由一個以上不同組合來指揮生成，六十四種組合生成的胺基酸數恰為二十種。

　　易經與基因的對應，易經以三組陰陽組成八卦，而遺傳基因亦以三個氮化合物為一組指揮合成一種胺基酸，三這個數字代表不尋常的意義，自古以來，人們亦將三視為神秘數字。

而遺傳密碼的六十四種組合也和六十四卦彼此一致。三與六十四是否均是巧合呢？

事實 DNA 上四種含氮鹽基是與「四象」彼此相對應的。

前面提過，三個含氮鹽基指揮一種胺基酸的生合成，依生物學上學理，我們可以列出 DNA 遺傳暗號表。依表上所列，例如 TGC 三個鹽基為一組剛好可生合成色胺酸，依易經四象對應，TGC 剛好為老陽、少陰、老陰上下組合，得到的卦為（巽艮），因此，六十四種含氮鹽基組合代表著六十四卦。

亦即：可以完全推出與六十四卦相對應圖表。

易經中有 64 卦，與近代遺傳學中的遺傳密碼有 64 種組合是一致的。

再以八卦角度來看遺傳基因與易經一致處。DNA 中四種鹽基分為二類，A 與 G 稱為嘌呤類，而 T 與 C 為嘧啶類化合物。因為八卦中陰陽兩類，吾人先設定 A 與 G（嘌呤類）代表陰（--），而 T 與 C（嘧啶類）

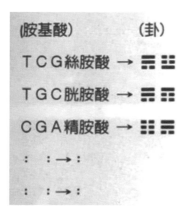

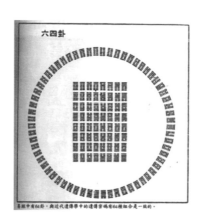

代表陽（一），則可得到「遺傳暗號表」與「陰」、「陽」的關係。由這張表上，可以發現不可思議現象，亦即 DNA 與先天八卦圖是完全吻合的。

　　由「遺傳暗號易學解釋表」中可以推知代表胺基酸的三遺傳基因體與易的「八卦」完全一致。由「乾卦」開始，DNA 與八卦是相呼應的。可以說是三遺傳基因中頭二個為一組，亦即以下 CAG 順序反覆排列，再加上第三個鹽基。若將每一組視為一群的話共有十六群，這十六群依「易」的解讀法可區分為四類。即：干巽類，兌坎類，離艮類及震坤類。先天八卦圖中以線彼此相連，亦分為此四類，不是彼此吻合嗎？

　　DNA 含氮化合物三個一組合中「ATG」組合代表著合成開始以及蛋胺酸的生合成。ATG 代表易中的「坎卦」，而依「易」的解說書「說卦傳」中八卦中的「象意」，坎代表「陷」、「水」、「交」，亦即萬物的開始，所謂「一白水星」。

　　DNA 中胺基酸停止合成符號有三組，即 TAA、TAG、 TGA，均與

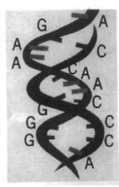

易卦中「艮」相吻合，艮的意義為「停止」。

近代遺傳學密碼（如 TTA）共 64 組恰與易經 64 卦一致，因此 DNA 中所有遺傳訊息均可用易經來解釋。

不只遺傳密碼的六十四種組合和六十四卦彼此一致是巧合，難道這左上圖形（伏羲氏）和右上圖形（DNA 結構）也是一種巧合對以上所說明的現象，一定會有些人認為是「穿鑿附會」，是一種「巧合」而已。筆者在此只是提出此項研究論點，希望能喚起同好共同研究。

易經以三組陰陽組成八卦，而遺傳基因亦以三個氮化合物為一組指揮合成一種胺基酸，三這個數字代表不尋常的意義，自古以來，人們亦將三視為神秘數字。

而遺傳密碼的六十四種組合也和六十四卦彼此一致。三與六十四是否均是巧合。

文章作者：江晃榮博士

二、生命的樂章──DNA 交響曲

　　沒有一位科學家、宗教家或哲學家能合理、圓滿解釋 DNA 的結構為何會如此神奇，DNA 甚至隱藏著音樂，可說是生命交響曲。

　　19 世紀中旬英國紐蘭茲因從小受母親的影響，愛好音樂。當時他按照化學元素原子量從小到大排列當時已為人所知的各種元素，發現每隔七個元素便有重複的元素化學性質出現，使他聯想到音樂上的八個音階的往復循環上升。

　　於是他排出了一個八音律的元素表，將八個元素一排。紐蘭茲稱完為「八音律」，並畫出了「八音律」表。1866 年 3 月當他在倫敦化學學會發表這一觀點時，得到的卻是嘲笑和諷刺；關論文也被退稿，七年以後，他的論文又被拒絕發表，當時有許多元素尚未被發現，元素排列本身也還有些複雜因素，表示他的八音律元素表尚有不少缺欠，最後經過門捷列夫的調整和其他人的努力，才產生了目前化學元素週期表。

　　1984 年 7 月 12 日號英國《自然》雜誌上刊登了一則投稿，作者是日本國立癌中心代謝研究室主任的林健志和宗像信生放射線致癌研究室主任兩位研究人員。

　　內容為將 DNA 的鹼基序列變換成音符排列，其目的是為了預防龐大的鹼基序列資料輸入電腦時出現失誤，同時緩和枯燥乏味的研究。並將音階上的音高名稱分配給 DNA 鹼基。DNA 鹼基中的 A 對應 re 及 mi，G 對應到 fa 及 so，T 對應到 la 及 ci，C 對應到 do 及 re 等，他們將

大分子量的物質置於低頻，這樣將小鼠免疫球蛋白基因的一部分鹼基序列轉化為音樂，同時考慮傳統的音樂形式，這樣，GCTA 的對應關係定了下來，實際上，五線譜相關的只是兩根線，其他三根線成為多餘，因此 DNA 也可以用「二線譜」表現。

當欣賞蕭邦的進行曲時，也許眼前會出現一個受盡世間苦楚的老人，正在冷漠的世界中尋找最後的歸宿；或許會感到自己正隨著送葬的隊伍，在嚴冬的風雪中蹣跚行走令人難以想像的是，這一富有藝術魅力的樂曲，竟和生物體細胞中的遺傳物質——DNA 有關。

蕭邦鋼琴奏鳴曲中著名的葬禮進行曲的中段對應人類胰島素受體 β 鏈中酪胺酸特異性磷酸酶，即該酶的活性位點與這首歌中的鹼基序列非常相似，若將大腸桿菌中 EcoRI 基因（即產生一種切斷 DNA 的酶）特定區域的 DNA 序列譜成旋律，能產生聽上去充滿魅力的音樂作品。若將人白血病病毒 II 型的鹼基序列配上樂譜，然後用電子樂器演奏試聽，最後的感觸是該曲有點哀傷氣氛，似乎在訴說著某種不幸。

大約一個月後，英國《自然》雜誌上又登出了有濃厚興趣的美國研

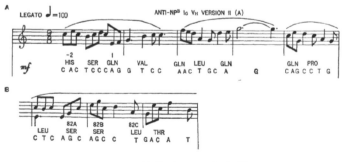

· DNA 遺傳密碼中有音樂

究人員的投稿信，接著在 10 月 11 日號上又發表了兩位英國研究人員的
迴響，他們的作曲法都是讓配對的鹼基在高低音上形成對稱關係，例
如，do 和 A、mi 和 C、so 和 G、ci 和 T 或 A 設為 La，T 設為 So，C 設
為 Mi，G 設為 Re。

　　DNA 的旋律更為絢麗多彩、迷惑且誘人，某一重複序列會產生細
膩微妙、明亮清新的音色，胰島素基因會轉變成「幸福勤勞」的音樂旋
律。

　　鼴鼠抗體基因部分區域音樂化的實際例子。鹼基和音符的對應是 A
是 La 皮 Mi，G 是 Fa 及 So，T（在圖曲譜中是用 mRNA 的序列表示，
所以用尿嘧啶 U 替換 T）是 La 及 Ci。讓每一鹼基與 2 個音符對應，可
滿足一個八度音組。因此，譜曲的 DNA 音樂具有西洋音樂的效果，將
A 和 G 配成低音，是由於它們的分子量大且重的緣故。

　　圖是蕭邦的《葬禮進行曲》第 3 樂章（三部形式）的中間部。另一
圖則是將人胰島素受體 β 鏈的、具有磷酸化酶活性的序列轉變成了樂
譜。兩者的音符排列竟如此驚人地類似。

・鼴鼠抗體基因部分區域音樂化

· 蕭邦的《葬禮進行曲》第 3 樂章（三部形式）的中間部

· 人胰島素受體 β 鏈的、具有磷酸化酶活性的序列轉變成的樂譜

如果能人工合成這「葬禮進行曲」的基酸序列，那麼究竟能產生具有哪種功能的蛋白質呢？而且，假如將每個人的 DNA 譜曲成音樂，那麼又將演奏出怎樣的樂曲呢？

三、DNA 揭示了上帝的編碼訊息

隨著科學檢測和定序 DNA 的能力不斷提高，越來越明顯的是，造物者嵌入了特定而複雜的編碼訊息在 DNA，而這些訊息並非憑空出現的。

美國科學家發表了一項研究，確定襲擊一名男子的鯊魚的確切種類。1994 年，傑夫威克利（Jeff Weakley）在佛羅里達州弗拉格勒海灘

衝浪時被咬傷、就在 25 年後他發現自己的腳上嵌著一條鯊魚牙，科學家從牙齒的牙髓組織中提取了 DNA，並確定攻擊者是黑鰭鯊。

DNA 由氫、氮、氧、碳 4 種元素組成，組合在一起形成 Y-H-W-G。碳是組成有機體的重要元素，當碳被氮氣取代時，就得到了無色、無味、看不見的氣體！組成了字母 Y-H-W-H，這就是上帝的名字。遺傳密碼 DNA 的發現與定序是最重要的科學突破之一。2000 年 6 月 26 日，美國柯林頓總統和一群世界知名科學家展示了第一張人類 DNA 分子的基因圖譜，柯林頓稱這項發現為「上帝創造生命的語言」。每一生命的細胞中都隱藏著密碼。該密碼是 DNA 字母表，也造物主的名字和人類的訊息。

DNA 蘊含著令人驚嘆的生命藍圖，證明造物主在每個人身上都洽下了自己獨特的印記。依聖經所述這枚印記其實是幾千年前向摩西透露的他的名字。

創造者的名字是 YHWH。

若將 DNA 編碼翻譯成有意義的語言，即依元素原子質量轉換為字母，氫變為希伯來字母 Yod (Y)，氮變為字母 Hey (H)，氧變為字母 Wav（V 或 W），碳變為 Gimel (G)。這些替換顯示 YHWH 名字從古代就遺傳密碼的字面化學而存在。透過耶和華的名字和現代科學元素之間的這座橋樑，有可能揭開全部的奧秘，並在身體每個細胞中的古老密碼中發現到更大的意義。

上帝與 DNA

The hidden name of the creator in your DNA

·若將 DNA 編碼翻譯成有意義的語言，即依元素原子質轉換為字母，氫變成希伯來字母 Yod (Y) 氮為字母 Hey (H) 氧為字母 Wav (W) 碳為字母 Gimel (G)。這些替換顯示 YHWH 字母從古代就已將遺傳密碼的字面依化學原理而存在。

　　將 YHWH 中最後的 H 替換為化學等價的氮，YHWH 的名字就變成了元素氫、氮、氧和氮（HNON），全都是無色、無味、肉眼看不見的氣體。換句話說，這並不是說耶和華是一種由看不見的元素組成的稀薄氣體，相反的，正是三千年前耶和華透過此名字向摩西透露此一奧秘，生命才成為可能。耶和華告訴，以氫（宇宙中最豐富的單一元素）的形式，祂是過去、現在和將來一切事物的一部分。

　　創世記第一章提到造物主在創造時以非物質形式存在（創 1：2）。首先在地面上移動的是「耶和華的靈」。

　　用現代元素代替古代字母，很明顯，儘管我們共享前三個字母，代表了我們造物主名字的 75%。雖然 YHWH 的存在是氫、氮和氧三種氣體，看不見、無形，但我們名字的最後一個字母是賦予我們身體顏色、味道、質地和聲音的「物質」，就是碳。將我們與 YHWH 區分開來的

一個字母也是讓我們在這個世界上變得「真實」的元素──碳。

　　耶和華已將自己的名字寫在每個人身上。Sefer Yetzirah（《創造之書》）說：「字母中隱藏著一個偉大的、神秘的崇高秘密……一切都是從中創造出來的。」祂的名字就在我們內心，被編碼到人類的基本細胞中。每個人，無論種族、宗教、性別或地位如何，體內都有神聖的印記，耶和華的名存在於每個人的心裡……「只有一位耶和華，萬有之父，超乎萬有之上，貫乎萬有，又在萬有之內」，以弗所書 4：5 說。每個人都有像 YHWH 那樣的潛力。

　　創世記也記載人類是「照祂的形像」所創造的。起初，造物主「向人吹了一口氣，人就成了活人」，正是這種來自天堂的沉積物，靈魂的恩賜，將我們與其他物種區分開來。每個人的體內都有造物主的氣息，稱為靈魂。在希伯來語中，這被稱為「neshamah」。

　　DNA 的靈魂密碼可將人與 YHWH 連接起來。但是，這並不將人類等同於耶和華，人不是神，該代碼僅顯示了人類的潛力──在我們的意圖和目的上像耶和華一樣，但我們無法達到他的偉大境界，就像手電筒沒有電池就無法運作一樣。

　　YHWH 密碼隱藏在每一男人、女人和兒童的 DNA 中，人類是按照耶和華的形象創造的，他的名字寫在我們的 DNA 上。科學家已經證明，他的名字烙印在所有靈魂的身上。然而，由於由於罪惡，層層分離靈魂與創造者疏遠了。「世人都犯了罪，虧缺了耶和華的榮耀」（羅馬書 3：23）。人類固執的自我意志導致我們走獨立的路。

四、DNA 在太空中不受破壞

附著在火箭外表上的 DNA 在太空飛行中保留了完整的生物學功能。

2010 年瑞士蘇黎世大學（University of Zurich, UZH）的研究小組發表了一篇題為「Plos One」的研究論文，表明附著在火箭外部的 DNA 分子可承受亞軌道飛行耐熱哥穿過太空並重新進入地球，實驗中回收的一些 DNA 分子保留了完整的生物學功能。

地球上的生命可能是與外星有關，生物分子或生物本身能否在太空中生存是解決幾個科學問題的關鍵，來自太空的分子能否成為地球上生命誕生的材料？由於與天體的碰撞，生命會在太陽系內行星之間移動嗎？

研究小組正在準備一個實驗，他們將樣本裝載到觀測火箭上，用於將有效載荷短時間送入太空，然後將其送入太空。透過這次實驗，研

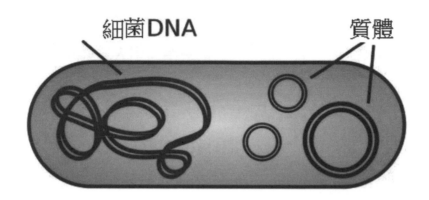

究團隊成功回收了從 780 秒「太空飛行」中返回的 DNA 分子。回收的
DNA 分子保留了其原始功能。

　　研究團隊使用的探空火箭是巴西製造的兩層固體燃料火箭 VSB-
30，能夠將重 407 公斤的物體發射到高度 260 公里的熱層，熱層位於平
流層和外逸層之間。

　　研究小組選擇了質體（Plasmid），這是在細胞的染色體或核區
DNA 外，能夠自主複製的 DNA 分子，質體與染色體最主要的區分是，
質體不是細胞生存所必需 。研究團隊使用的人工質體含有一個使細菌
對抗生素產生抗藥性的基因和一個編碼綠色螢光蛋白的基因。

　　研究小組將 DNA 分子放置在有效載荷容器的底部、火箭表面的螺
紋凹槽中以及飛行器前端的特定位置，VSB-30 從瑞典最北端發射，經
過 13 分鐘的太空飛行後，其有效載具被回收。

　　研究人員用無菌溶液清洗放置 DNA 分子的區域，以檢查 DNA 分
子的存在，火箭外部的溫度似乎一度達到攝氏 1000 度，但 DNA 分子仍

然存在，看起來高達 35% 的剩餘 DNA 分子保留了完整的生物學功能，當被引入細菌時，會導致對抗生素的抗藥性 當引入培養的人體細胞時，細胞發出綠光。

當分析剩餘的 DNA 分子時，只觀察到了一些突變，這種突變可能是由於暴露在太空中，也可能是其他原因造成的。

這些結果表明 DNA 是一種比通常想像的更堅韌的分子，換句話說，強度足以在附著在火箭表面的情況下重新進入大氣層。

五、外星人 DNA —— 星童頭骨之謎

1930 年左右一位女孩在墨西哥奇瓦瓦州奇瓦瓦市西南 100 英里（160 公里）的一個公共礦井中發現了一些看起來像奇怪人骨的東西，並把挖了出來，勘察結果，從洞穴中出土了一具幾乎完整的成年女性骨架和一具小孩的骨架，這些骨頭被埋在仰臥位，骷髏仰面朝天，手臂纏繞著另一隻從地底伸出的手臂的骨頭，女孩還挖出了埋在地下的骷髏，撿起了骨頭，並藏在附近，以備她最終回來時使用。

然而第二天，洪水襲擊了這個地方，大部分骨頭被沖走了，現場僅發現兩具頭骨，女孩把頭骨帶回了美國德克薩斯州的家中，並在她的餘生中將其保存在安全的地方。

由於當場有人類骨頭暴露在隧道表面，但真正引起注意的是孩子的頭骨，雖然上顎受損，但眼窩居中，頭骨極度增大，看起來就像是小灰人系外星人，故稱之為星童（starchild）。女孩死後，頭骨被送給

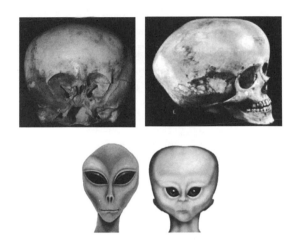

　　了一名美國男子，幾年後又送給了該男子妻子醫院的護士梅蘭妮・楊
（Melanie Young），其中一個頭骨的形狀非常奇怪，所以他委託護士梅
蘭妮去找出是什麼。

　　發現的女孩去世後，這個頭骨傳到了一名美國男子手中，不過並不
知道這個奇怪的頭骨到底是什麼，於是，他把這個帶到了該領域的權威
解剖學家勞埃德・派伊（Lloyd Pye），請求他的合作，然後意識到這個
頭骨是非常特別的東西，可能是外星人和人類的混血兒。

　　從 1999 年開始在美國解剖學家勞埃德・派伊的指導下進行研究，
啟動了「星童計畫」，進行了各種科學研究，包括 DNA 分析。

　　據檢查右側上顎骨的牙醫稱，4 歲半到 5 歲時頭骨的腦容量為 1600
立方厘米，比現代成年人的平均腦容量大 200 立方厘米，與現代大腦的
大小，比成人大腦容量大 400 立方厘米，此外，眼眶呈橢圓形且淺，視
神經更靠近眼眶底，且沒有額竇，這種骨頭含有鈣化合物羥基磷灰石，

它在哺乳動物的骨頭中很常見。

起初，人們認為畸形是由疾病引起的，但骨骼並沒有異常，而且有澳洲原住民將頭部變形作為美麗象徵的例子，因此認為畸形是由於顱骨畸形，就當地遺址而言，沒有人類居住的痕跡，因此人們相信是一座寺廟而不是一座中心城市，而星童被有意轉變為上帝選民的象徵，並被埋葬死後在寺廟裡。

然而，根據耶魯大學的史蒂文·諾維拉（Steven Novella）的說法，頭骨表現出因腦積水而導致頭骨增大的水頭症（hydrocephalus）典型特徵，腦積水水頭症是腦脊髓液積聚在顱腔內，導致腦室變得比正常情況大，腦脊髓液的壓力可導致顱骨明顯增大的病症。

1999 年，加拿大溫哥華法律牙科局（BOLD）進行了 DNA 測試，在兩塊骨頭樣本中發現了共同的 X 和 Y 染色體，耶魯大學的史蒂文·諾維拉（Steven Novella）認為這是孩子是人類男性的確鑿證據，並認為父母雙方都必須是人類才能讓孩子擁有人類性染色體。

2003 年，專門從舊樣本中提取和測試 DNA 的實驗室從兩塊骨頭中回收了粒線體 DNA，並確定這個孩子屬於單倍群 C（Haplogroup C）Y-DNA，是分子人類學中指示人類父系譜系的 Y 染色體單倍群（類型群體）的分類，粒線體 DNA 由母親的基因組成，使得追蹤母親的血統成為可能。因此，這次 DNA 測試的結果表明，孩子的母親是單倍群 C 女性，而與孩子的骨頭一起發現的成年女性骨頭則屬於單倍群 A，雖然這兩種單倍型都是美洲原住民的特徵，但它們的骨骼單倍群不同，顯示

成年女性不是孩子的母親。

此外，2004 年進行的 DNA 研究顯示，這名男孩與同被發掘的女性有親戚關係，然而，無法確定父系的 DNA。

在這個頭骨出土的地方，有一個傳說，天上的人與當地的女人生下了一個孩子，有一派博士相信這個孩子確實是來自傳說中的星球的孩子，是外星人和地球人的孩子，他們的結論是，這是一個混血兒「星童」。

當然，對於「星童」是否真的是外星人孩子，確實存在一些分歧，最流行的理論是，孩子出生後患有類似於腦積水的畸形，孩子會經歷「顱骨變形」，即孩子的頭骨被布勒死以適應其生長，事實上，自古以來，中南美洲就存在著一種文化，地位特殊的人從小頭骨就變形，此外，對發現該頭骨的地點的調查表明，當時人們認為這是一座寺廟，因此很可能出生時患有畸形的男孩被認為是神的使者，被認為是神聖的。象徵性地對其進行了故意變形。據信他死後被埋葬。

然而，關於星童的頭骨，仍有一些未知之處，人們認為最神秘的事情是骨頭內發現的纖維物體的數量。纖維材料呈淡紅色，嵌入骨骼的多孔組織內，據說這是正常人的骨頭永遠不會發生的，星童的真實身分是什麼？他的真實身分是否會有一天被揭露？

顯然，DNA 測試顯示他是外星人，粒線體 DNA 與人類的粒線體 DNA 有很大不同。神秘畸形頭骨——「星童」從何而來？

2002 年 10 月，繼續支持勞埃德先生的倫敦居民貝琳達・麥肯齊

（Belinda McKenzie）同意資助 DNA 檢測，需要大量資金，而在 2003 年的很長一段時間裡完成各項測試後，結果終於揭曉。

　　測試期間，從頭骨中收集粒線體 DNA 並進行分析，結果這個「星童」確實有一個人類母親。

　　然而，父親那邊的遺傳問題是不可能恢復的，換句話說，結論是已經成為一種被延續下來的形式。

　　測試小組發現，利用當時現有的技術很難恢復父親一方的遺傳部分。對 1930 年左右在墨西哥發現的所謂「星童」頭骨的調查顯示，其粒線體 DNA 屬於與人類完全不同的外星物種，頭骨無論是在基因上還是在物理上都是前所未有的。

　　除此之外，還發現了其他各種不尋常的特徵，對這些不尋常特徵的唯一解釋是，星童是外星人和人類的混血兒。

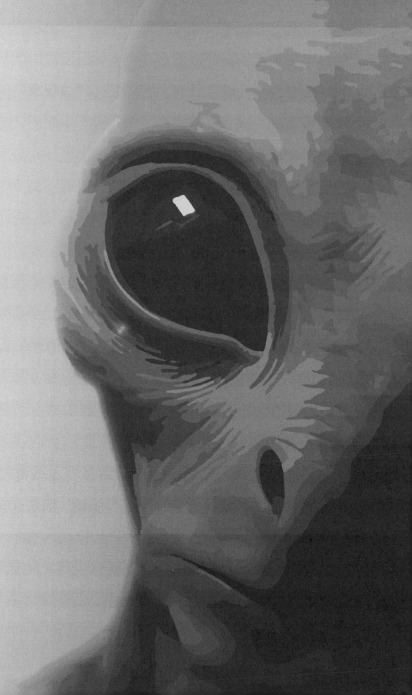

第 5 章

偉大卓越事物設計、創造生物

(something great)

一、智能設計理論是科學不是宗教

目前已有很多科學家認為「生命開始出現時所必備的條件不可能偶然發生」，看作是物質能量既定事物是沒理由的，換句話說，它是既定的、賦予的和智能設計的，智能設計理論學家將「提供生命開始所需條件的人」、「賦予生命的人」和「設計生命形式的人」稱為「智能設計師（intelligent designer）」。

很多人可能喜歡稱這種「智能設計者」為「上帝」，或稱其為「創世主」、「神」等。然而科學家不使用「上帝」或「創造者」或「創世者」等詞，研究宇宙考古者則認為是「外星人」。

這是因為以有限的人類智慧和科學，根本無法知道什麼是聰明的設計師或他們是誰，聰明的設計師的本質也是不確定的。所以，科學家不用宗教的字眼，只用「智慧的存在」、「智慧的設計者」這些名詞。

他們有時也使用術語「something great（偉大卓越事物）」，也就是 遠遠超出我人類智力的「偉大卓越事物」的想法所設計並創造了宇宙和所有生物。

這一模棱兩可的用詞有時被用來稱呼這種智能設計者，但無論如何，智能設計理論不能延伸到宗教領域，僅從科學的角度來解釋生物界的現象，但聖經內容可供參考。

換句話說，這個理論不是基督教、伊斯蘭教、猶太教、佛教或神道教，這是一場從純科學的角度重新思考生物起源的理論，不屬於任何現

存的宗教。

更進一步，即使透過智能設計理論認識到智能設計師的存在，也不一定要成為順服上帝的信徒，換句話說，不管有沒有信仰，只要觀察自然界就知道智能設計者的存在。

智能設計理論家可以說是純科學理論，就是科學，也是智能設計理論的思想。

因此，該理論不強加任何宗教，但研究可以屬於任何教派或任何宗教，智能設計理論不是宗教，而是離宗教差一步的科學，有些人將其視為一座橋樑，即科學與宗教之間的橋樑。

近年來贊同智能設計的科學家者數量激增，其實「智能設計」的概念並不是最近才出現的，其基本原則可以追溯到古希臘蘇格拉底和柏拉圖。

然而，現代智能設計理論的重大意義在於倡導者不是哲學家，而是涉足科學先端領域的優秀科學家。

一旦科學界的新發現揭示了生命在分子階層上運作的驚人機械結構，許多科學家就開始提出新建議，換句話說，最近的科學發現和這一理論的擴展是齊頭並進的。智能設計理論的一個重大轉折點是 1996 年 11 月在美國洛杉磯郊區的比奧拉大學召開的一次學術會議。

聚集的人數出乎意料的多，其中包括大約 200 名科學家和來自各個領域的人士，包括生物學、化學、物理學、古生物學、天文學、數學、語言學、哲學、神學、新聞學、教育管理、慈善等。其中大多數人

都是第一次出現，卻變成了「反達爾文主義」，集會的主題是「Mere Creation」。也就是說，獨一無二的創造。

會議的內容得到了很多美國人和歐洲人的認同，事實上，從「智能設計」一詞在網絡上的搜索量爆炸式增長就可以看出。

智能設計理論是一場放棄科學唯物主義假設的科學革命運動，應該被稱為「科學文化大革命」，因添智能設計理論將帶來科學和文化的巨大革命。

二、DNA 是智能設計的

用一本書中字母序列為例來思考 DNA，然而，即使我們以計算機語言為例，這也是一樣的，可能更容易理解。

眾所周知，計算機軟體是使用二進制（0 或 1）語言編寫的。我們使用的十進制數字、中文字和英文字母，都是由計算機中的二進制語言進行替換、轉換和處理的。所以任何字母在計算機中都是由 0 和 1 組成的數組表示的數字，所有信息都經過數學處理。

DNA 中的核苷酸序列就是這樣，並且經過類似的數學處理。這樣就可以像解釋一種精密「機器」的原理一樣理解生物體的各種現象。

過去，科學家為了避免將生物體和機器合討論，這是因為現有的思考模式是「不可能透過類比來思考生物體和機器的關聯性的」。

然而，近幾十年來，分子生物學、計算機工程、人腦科學、自動化控制科學等都有長足的進步。結果，科學家發現生物體的各種現象是基

於人造機器原理般，非常相似。

　　於是「生物體是一種由分子組成的精密機器」的說法就變得很有說服力了。機器是智能設計的結果，透過這種方式，許多科學家現在相信智能設計是使生物體可以存在的主要原因。

　　例如，美國發現研究所的創始人之一、地質學家、科學哲學家史蒂文‧邁耶博士是這樣描述 DNA 分子的：

　　「智能設計是目前已知的唯一能夠生產 DNA 這種先進分子的來源」。可以合理地推斷，在過去，高智能以某種方式在活細胞中製造了大量的信息，成為現有不可思議的安排。」

　　美國舊金山州立大學著名生物學教授迪恩‧肯揚（Dean Kenyon）也寫道：「我們贊同我們的觀點和發現，即生物是智能設計的產物，而且有許多、有力和一致的證據。」

　　另一方面，同樣以命名宇宙起源「大爆炸」而聞名的英國著名宇宙學家弗雷德‧霍伊爾教授也表示「如果我要說實話而不用擔心學術上的憤怒，我得出的結論是高度有序和驚人的生命物質一定是智能設計的結果。」，科學家們堅信自然界中確實存在智能設計。

1. DNA 與智能設計

　　在 20 世紀下半，生物科學家揭開了 DNA 基因的秘密。在細胞內部，有一種叫做「染色體」的東西，在染色體內部是一個非常小的基因（DNA）。

　　DNA 是一種「錄音帶」，由纏繞在「雙螺旋」中的分子組成，以

一條很長帶子的形式存在，被折疊並容納在一個小染色體內，DNA 含有構成生物體的所有遺傳信息。

換句話說，當孩子從父母那裡出生時，DNA 具有將生物體的所有信息傳遞給下一代的能力。信息量巨大，相當於一億頁的百科全書，透過 DNA，生命從父母傳給孩子，再由孩子傳給孫子。

人不生猴，猴不生人。貓生不出狗，狗生不出貓，這是因為作為基因的 DNA 準確地將生物體的信息傳遞給下一代。

科學家認為 DNA 包含複雜的信息，包括獨特的先進奈米技術。DNA 是處理系統的一部分，使用比現代計算機技術更複雜的技術。

沒有任何 DNA 信息，就不可能出生一個正常、健康的孩子。這些發現促使英國牛津馬爾大學的化學家和哲學家邁克爾波拉尼在 1967 年指出「生命的機械結構似乎是不可簡化的」，換句話說，生命是一個「高度複雜，無法進一步簡化」的成品。

「不可化簡」、「無法還原」，意思是「逐漸演化而生」的 進化的思想已遭排除。也就是說，一個生命體即使是半生不熟，尚未設計完的狀態，也是無法生存的。

一個活的有機體不能生存，除非它是一個從誕生之初就完美無缺的成品。讓我們用一個例子進一步考慮這個問題。

假設這裡有一台電腦，作為一台機器，它工作正常。像硬體（機器）一樣好。但是，那台計算機沒有 Windows 或 Mac 等操作系統，也沒有 Internet 軟體、文字處理軟體或電子郵件。

換句話說，沒有體（程序），那麼即使有一台電腦，除非把一些軟體放進去，否則也沒有用，這是一個包含所有必要東西的成品，否則是沒有用的，即使給電腦塗上不同的顏色，裝飾一下讓它看起來更好看，也沒用。同理，生命的細胞中有一種叫做 DNA 的軟體，所以從第一個受精卵開始，身體逐漸從嬰兒成長為成人，結婚生子。

沒有 DNA 這種先進的信息處理系統，生命體不僅不會誕生，更不可能生長和生存。此外，擁有半成品、未完成的 DNA 或有缺陷的 DNA 是沒有用的，如此一來，一個生命有機體只有在是在不過分的優質成品時才能存在，這就是「生物體是高度複雜的成品，無法進一步簡化」的意思。也沒有不足的。

2. 人類是偶然或是智能設計的結果？

進化論的奠基人達爾文在他的《物種起源》一書中曾說過：「如果證明存在某種複雜的器官，不能通過多次、連續、少量的變化形成，我的理論就會被徹底摧毀。」換句話說，達爾文自己說過，如果存在一個器官不是逐漸形成的，並且具有無法進一步簡化的原始復雜性，那麼進化就會崩潰。

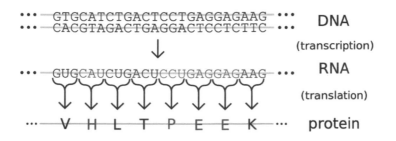

科學家回應：「什麼生物系統不能由『多、連續、少的變化』組成？」。「不可簡化的複雜性」是指一個單一的系統是由幾個配合良好且相互作用的部分組成，這些部分有助於整體的基本功能。缺少任何一個部分都會使系統無效。這種「難以理解的複雜」器官的例子，例如細菌的毛髮、血液系統、感知和理解視覺的眼睛系統以及 DNA，還有無數其他現象。隨著對生命世界系統的了解越來越多，進化論現在已被迫崩潰。讓我們仔細看看進化論的創始人達爾文，原來他是個無神論者，也不是唯物主義者，因為在《物種起源》

第二版中提及：「生命首先被造物主注入某種或一種形式，」他寫道。他用了「創造者」這個詞，然而，最終進化論獲得了學術界的支持並受到熱烈歡迎，尤其是無神論者。達爾文可能認為這個詞令人反感，並在後來的版本中將其刪除。

達爾文還談到自然界的「設計」：「在我看來，生物多樣性和自然選擇的行動缺乏設計，就像風吹方向缺乏設計一樣。我看不到結果，但我沒有看到任何善意的證據細節設計，或任何類型的設計。」

這就是進化論背後的思想，後來相信進化論的古生物學家大學者 George Gaylord Simpson 也寫道：「人是無目的、自然過程的結果，人不是計畫好的。」

因此，進化論者認為人類沒有設計，對這說法正如進化論者和分子生物學家雅克·莫諾（Jacques Monod）所說，「人類必須明白，他們只是偶然」，但是，正如我們所見，這只是因為進化論者的知識極其有

限，此後隨著科學的發展，生物世界充滿了智能設計，這一點是很清楚的。

3. DNA 是智能設計的產物

可再更深入探討這個神奇基因 DNA 的身份。

一本書由一系列字母或文字組成，中文書籍是用文字書寫的，而英語書籍是用字母書寫的，根據這些字母及文字的順序和排列方式成為一個傳達意義和信息的句子。

DNA 也是如此，在 DNA 中遺傳信息是由稱為核苷酸的特殊分子序列攜帶的，而不是字母，核苷酸是核酸部分結椿，簡稱核苷。核酸有磷酸鹽附著在所謂的五碳糖上。作為 DNA 的結構單元，核苷酸對於維持遺傳信息和表達該信息很重要，這些核苷酸的排列是一種傳遞信息的符號。

一本書中文字和字母的序列和 DNA 核苷酸序列之間存在「結構同一性」，所以說排列核苷酸需靠高智力就可理解了！對生物了解得越多，就越無法否認智能設計的存在「難道不能說 DNA 從一開始就有一個智能設計的原因嗎？」

隨著智能設計理論的發展及其支持者的增加，科學家們的意識開始發生重大轉變。例如，前面引述的 Dean Kenyon 教授，在研究生命起源的實驗時，曾表示我開始擺脫科學唯物主義。

不僅是他，今天的許多科學家都在遠離「唯物主義」也就是將一切解釋為物質功能的思維方式。

　　研究得越多，就越清楚唯物主義無法完美解釋世界上許多現象。自然突變已成為只解釋「自然選擇」和偶然「變異」的達爾文進化論，卻無法解釋生命的起源。

　　沒有「智能設計」的概念，就無法解釋生命的起源，所以智能設計理論就成為「脫離唯物主義」方向的科學理論，目前正在引起科學界意識的重大轉變。此一理論也開始蔓延到教育界，例如，2004 年，美國賓夕法尼亞州多佛市教育委員會通知所有高中生物教師開始教授進化論時應進一步解釋道：「達爾文的進化論是理論，不是事實，這個理論是有漏洞的學校董事會還建議教授智能設計理論作為進化論的替代方案」。對於此舉，時任美國總統喬治布希也為：「在公立學校，智能設計理論應該與進化論一起教授，因為它呈現出兩種不同的對立並可討論哪一種是正確的，這是教育上相當重要任務」。

　　前總統布不相信進化論。他是相信智能設計理論，而且宇宙有創造者。因此，學校不應單方面教授無神論的進化論，而應教授科學肯定的「智能設計」理論。

　　除了單純的教育，生物學、物理學、天文學、資訊學、生物化學、遺傳學、歷史學、哲學、法律和宗教研究等各個領域的專家都分為正反兩方面。直到今天仍有很多討論正在進行。

　　生命是通過自然事件的積累「盲目進化」產生的，還是透過「智能設計」產生的？這不僅僅是一個科學問題，也是一個關於人類真相的問題：人類從哪裡來？我們從那來？來自父母？

這是一個重要的問題。

把你的祖先想像成猴子或類似猴子的動物或者你認為更早曾經是一個變形蟲一樣的生物，甚或是智能設計的結果和目的而誕生的？

因此不要盲目相信進化論，理由說「因為我在學校學過」，「因為全世界的學院派就是這樣說」，或者「大部分人都相信進化論，所以一定是正確的」。仔細看看並自己決定什麼是正確的，才是真正的科學。

今天許多科學家們不再說，「我不知道生命是如何從無生命的物體中產生的」，而是自豪地說，「有智能設計」。這正是許多科學家開始提倡的「智能設計論」。科學上對生命起源有必然，即不可避免的結果，也就是由於物理和化學定律而發生的事情，其次是偶然發生，另有「設計」，也就是 依概念、規劃、起草、意圖等共分為三種。到目前為止，科學只處理「必然性（規律性）」和「巧合」。

但這還不夠，很多人認為自然界中還有其他「設計」。區分是否為「設計」的標準是「特定複雜度」，換句話說，如果存在一種「特定的複雜性」，一定不是任何物理或化學定律的必然結果，也不是偶然的結果，那麼就是設計出來的。舉個例子，假設一輛汽車在雨中被遺棄在戶外。汽車的車身被風吹雨打生鏽破爛。隨著時間的推移，這種破爛是所謂的「熵（entropy）定律」（隨著時間的推移越來越無序）的結果，這是物理規律造成的，是必然的結果。

另一方面，車身上有各種鏽紋和花紋，所以這很可能是巧合。然而，

·熵最高，不變的是引擎——人為設計的結果

汽車具有稱為引擎的動力部分、剎車器等使汽車停止的功能以及方向盤等改變汽車行駛方向的功能，這是設計的結果，因為這些功能不是任何物理或化學定律的自然結果，也不是偶然的結果，而是具有特定功能及結構的複雜性。

存在一種「特定的複雜性」，既不是任何物理或化學定律的自然結果，也不是偶然的結果，這就是設計，房內物品不整理會變亂宇宙間物

理或化學定律的自然結果——熵增。

　　例如，細菌鞭毛像螺旋槳一樣由根馬達旋轉，為細菌提供推進力，這種鞭毛的機械結構不能被認為是物理和化學定律的自然結果。又如兩個氫原子和一個氧原子結合形成水是由於物質的固有屬性，並基於物理和化學定律。然而，鞭毛的機械結構不可能是化學反應的產物，在化學反應中，這些物質透過自身的特性結合起來產生新物質。也就是說，這個機械結構不一定是法則產生的。

　　所以這種機械結構並非偶然誕生的，但鞭毛蛋白質成分有可能是偶然產生的。

　　偶然聚集在一起形成鞭毛運動裝置的機率幾乎為零。如果是這樣，我們可以得出結論，這種機械結構具有一定的複雜性，是設計的結果。這些生命的機械結構隨處可見，當觀察人體時可發現消化吃的東西的胃和腸等消化器官，運動的四肢和肌肉等運動器官，以及感知外界的耳，鼻和肺等感覺、器官等呼吸器官、產生後代的生殖器官、將大腦的命令傳遞到全身的神經，以及許多其他各司其職的器官組成。

　　人體也有機械結構。沒有任何物理或化學定律可以自行產生這種機械結構，所以這並非物理化學規律的結果，不是必然的。這些器官和機械結構也不是偶然產生的。

　　如果是這樣，這就是設計的結果，透過這種方式，設計好的生物結構存在於從細菌到人類的所有生物體中。

　　區分「設計」和「非設計」實際上是許多領域的普遍做法，包括刑

事調查和考古學。一個典型的例子是卡爾・薩根小說和電影《接觸》中的搜尋地外文明計劃（Search for extraterrestrial intelligence, SETI）接收到的來自外太空的無線電信號，在小說和電影中，都透過這個無線電信號證實了地外智慧生命的存在。

當然，在真正的 SETI 中，這樣的事情是不會發生的。但無論如何，他們是如何將無線電信號歸因於外星生命的？由 0 和 1 表示的無線電信號如下所示：

110111011111011111110111111111110……

實際上，它持續的時間更長，此為有意義的信號還是無意義的偶然信號？乍看毫無意義，可能看起來像是一個意外信號。然而學者們對此進行了思考，並發現了其中的意義。這不是偶然的結果。因為如果我們將 0 解釋為暫停，那麼我們會得到 2 個 1，然後是 3 個 1，接著是 5 個、7 個，再來是 11 個，這 2、3、5、7、1 都是「質（素）數」。

質數是只能被它自己和 1 整除的數，之後只有質數繼續。所以把這解讀為有智慧的人故意發出的信號，應視為設計信號，因為它具有「特定的複雜性」。因為沒有自然現象造成這樣的安排。例如，即使是脈衝星這樣的天體，也不會發射基於此類質數的信號，脈衝星（Pulsar），又稱波霎，可週期性地發射可見光、X 射線、無線電波等。

在電影裡，這既不是物理和化學規律必然結果，也不是偶然的，所以這是來自地外智慧生命的信號。基於同樣的原因，自然而然可判斷生物體細胞中 DNA 序列中的遺傳信息是智能設計者的作品。在 DNA 中，

四種「與鹼基酸成對起作用的物質」——腺嘌呤（A）、胸腺嘧啶、鳥糞嘌呤（G）和胞嘧啶（C）——排列成一種文字，而這些文字就是像書中的句子一樣連接在一起，形成所有生物體的遺傳信息。基於這些信息，可以創造複雜和先進的生命形式。DNA 中的此類遺傳信息並非來自任何現有的物理或化學定律。也就是說，沒有必然也不是偶然的，因此，可以斷言來自智慧生命體。

　　因此，完全可以用同樣的方法來判斷來自太空的無線電信號是否來自智能生命，以及 DNA 中的遺傳信息是否是智能設計者的作品。所有存儲在 DNA 中的遺傳信息都是經過明確設計的，並非必然或偶然。研究基因工程權威、世界上首次破譯人類腎素（Renin）基因的日本筑波大學名譽教授村上和雄博士是這樣說的：「人類基因組（所有遺傳信息）僅由四個鹼基組成，大約有 30 億對這些鹼基相連。如果這個鹼基序列是巧合，我們每個人，出生時的概率是 4 的 30 億次方。這樣的事情在今天的科學中不是常識，這就像連續一百萬次中了百萬美元的樂透一樣。」

　　換句話說，如認為這是巧合，那是不可能的，另一方面也不能認為是物理和化學自然規律的必然結果，如果是這樣，剩下的唯一結論就是設計好的。

　　村上教授也總結道：「當我了解到這個事實時，我意識到細胞的誕生和隨後的生物體進化不可能是偶然發生的。DNA 的複雜性和完美性是一個令人驚嘆的謎團。這是偶然的產物，還是特殊創造的結果？許

多進化論者認為這是偶然的結果。」例如，一些進化論者提供了以下解釋。假設一位教授將一張卡片放在他的帽子裡，上面寫著從 A 到 Z 的每一字母。教授將帽子放在學生面前，並請每位學生隨機選擇一張卡片。

雖然三個學生不太可能依序選擇卡片 B、A 和 T，但這也不是不可能。如果成功選擇這三張卡，就會創造出「BAT」一詞。因此，教授得出以下結論：換句話說，無論多麼不可能，只要有足夠的時間，字母的排列最終就有可能成為百科全書。然而，神創論者肯·哈姆博士指出，這個論點有一個致命的缺陷。

為什麼 BAT 的拼字對誰有意義？是法語、荷蘭語、中國語還是日語？是的，這個字只有懂英文的人才有意義。換句話說，除非有現有的語言和解釋系統賦予字母順序意義，否則字母順序沒有任何意義。

細胞 DNA 也是如此。如果細胞的生化成分中不存在賦予 DNA 分子順序意義的語言系統，那麼 DNA 分子順序就沒有意義。沒有語言系統的 DNA 就沒有任何意義。更重要的是，DNA 還有驚人的功能，這意味著 DNA 本身控制著讀取 DNA 內分子順序的語言系統！生物根據這些資訊誕生和生長。

語言系統是智力的結果，即使需要數十億年，也不是偶然的結果，就字母卡而言，即使數十億年後偶然出現了與百科全書相同的字母排列，如果沒有語言系統賦予這種字母排列意義，它就毫無意義。可以使用計算機作為示例來思考這一點，所有電腦軟體都是用統一的電腦語言編寫的，沒有這種語言系統，任何軟體都沒有意義，電腦也無法運作，

同樣，有一個語言系統賦予 DNA 分子序列意義，而生命就是基於這個系統。這種遺傳語言系統不能歸因於偶然，這是因為物質世界中沒有任何語言或訊息是偶然出現的。物質代碼系統總是智慧過程的結果（有智慧來源或發明者）必須強調的是，物質不能產生任何代碼所有經驗都表明，為了創建代碼，思考存在必須運用自由意志、認知能力和創造力。

　　沒有任何自然法則表明物質可以產生信息，也沒有任何物理過程或物理現象可以使這種事情成為可能。

三、偉大卓越事物（something great）

1. 偉大卓越事物——遠超出智力的宇宙現實

　　控制生命細胞基因的系統從演化論的角度來看也是一個歐帕茲（OOPART 不該存在的東西）。

　　那麼，賦予這個系統的「智能」到底是什麼呢？我們稱之為「創造者」、「造物者」，也有人稱為「神」，有很多名字，但我們就稱為「偉大卓越事物」吧。這是遠遠超出想像的事情，創造了這個宇宙，誕生了地球，並創造了一個豐富多樣的生物世界，人類也是這創造的結果，有

些人可能不喜歡這種「神創論」，認為它是「宗教」。

許多人認為進化論是科學，而神創論是宗教，但實際情況並非如此，相反的，更準確的說法是，進化論與其說是一門科學，不如說是一種「信仰」，更接近於一種「宗教（或偽宗教）」。

進化論沒有任何可靠的科學證據，事實上，所有科學證據都反駁了演化論，儘管如此，人們還是單方面相信「進化是事實」，這才是真正的信仰，或者說是偽宗教。

支持進化論的證據非常薄弱，而支持創造論的證據卻非常有力。許多知識分子指出，進化論帶有濃厚的宗教色彩，是一種「信仰」，進化論是一種無神論哲學思想或無神論信仰，解決人類的基本問題：「我們從哪裡來？」關於演化論的本質，進化論背後的意識形態是無神論，否認超越自然的人格的存在，進化論者認為一切都是自然偶然的結果，包括人類在內的所有生物的結構和生命，其活動是如此複雜，以至於只能假設是由具有高水平智和思想的人設計的，也是為了實現特定目的而創建的。

那麼，進化論就是，沒有思想的事物就好像是由有思想的人的雙手創造出來的。

其實神創論也是一種信仰，進化論當然也是一種信仰，但進化論是「一種非理性的信仰」，是盲目的信仰，進化論相信進化是事實，即使進化沒有意義。

因此，接受進化論需要更高層次的「信仰」，而不僅僅是相信有道

理。如果沒有比創造論更高層次的「信仰」，進化論就無法被接受。

　　進化論是成人的童話，充滿了詭計，到目前為止，許多人都被引導相信這一點，然而現在越來越多的人感到自己被「欺騙」，並從進化論「轉向」神創論，進化論與其說是科學，不如說是一種信仰，而且是一種荒謬的信仰。

　　另一方面，神創論雖然也是一種宗教信仰，但現在已經有了非常科學的基礎。例如，透過將波音 747 客機與生物體進行比較來考慮這一點。一架噴射客機由大約 600 萬個零件組成。然而，僅靠零件是無法飛翔的。只有當零件正確組裝完成後才能夠飛翔。

　　同時，科學家已經發現生物體的細胞中有數千個所謂的「生化機器」，例如，細胞具有感知光並將其轉化為電能的能力，這是一個非常複雜的過程，要發生這種現象，大量的化合物必須在特定的時間、特定的位置、以特定的濃度存在，否則不可能出現這種現象，換句話說，就像波音 747 客機只有所有零件都正確組裝才能飛行一樣，細胞內的「生化機械」也必須全部處於指定位置並正常運作，這是不會發生的。否則根本行不通。

　　每一細胞內都有數千台這樣的複雜機器，所有這些功能都正常維持著生命形式，換句話說，正如波音 747 是由智慧設計和組裝的一樣，認為生物體是由智慧設計和組裝的也是非常合乎邏輯的。

　　生命的基礎曾經被認為很簡單，但事實證明這是一種幻覺。細胞具有令人難以想像的複雜性，無法簡化，因此，生命是由智慧設計的。

　　這種生命是被創造的認識即使在科學領域也有堅實的基礎，而且早於宗教信仰。即使神創論是一種「信仰」，也是一種「合理的信仰」。一個人並不需要「偉大的信仰」才能相信神創論，相信進化論需要「極大的信仰」，但對於神創論來說，只要有一個普通的智力，仔細考慮科學依據，並保持開放的心態，就很容易接受。科學家們開已始用「偉大卓越事物」一詞來指遠遠超出我們智力的宇宙現實，科學因此不再是一門無神論的科學，而是一種有神論的科學。

　　贊同偉大卓越事物科學家不使用「上帝」這個詞，也不提倡任何宗教只是簡單地使用 something great 或 Intelligent designer 這些詞。那麼，他們提倡智能設計理論是不是因為要證明這種智能設計者的存在呢？實際上恰恰相反。

　　當詳細研究世界及生命的起源時，可發現智能設計的存在，並且在此過程中自然知反有智能設計者的存在，並且無法否認。例如，著名分子生物學家在美國智庫「發現研究所」擔任高級研究員

　　學者邁克爾・安東（Michael Anton）在他的《危機中的進化論》（Evolutionary Theory in Crisis, 1985）中指出：

　　「智能設計結論可能具有宗教含義，但它們並非來自宗教前提。」換句話說，不是宗教導致了這個理論，而是科學研究導致了這個結論，這是智能設計理論中非常重要的一點，所以不使用《聖經》，也不鼓吹任何宗教，也不站在任何宗教的前提。

　　智能設計理論是這樣一種理論，「當我們僅用科學思維來闡明自然

界錯綜複雜的組成時，智能原因是對自然界起源的最好解釋」。那是因為我們只能根據科學思維得出結論，但是沒有具體說明其「智力原因」。

因為當談到智力原因是什麼，以及智力設計師是誰時已遠遠超出了科學領域。

可以說，這後現了智能設計理論的「謙虛」。例如，太平洋上有一個叫復活節島的小島，島上建有所謂的「摩艾石像」而聞名，一尊大臉人類石像。然而，沒有人知道是誰製作了這些摩艾雕像。

也不知道是誰創造的，但透過觀察知道摩艾雕像顯然是「智能製作的」。即使我們不確切地知道製造者是誰，在科學上也足以說是由智力設計的。

同樣，智能設計論指向存在於宇宙背後有智能設計者是嚴密的科學思維。可以說確實如此。

迄今為止，科學已經透過此理論做出了許多「預測」。例如，第一位獲得諾貝爾獎的日本人湯川秀樹博士，就從理論上預言了物質原子核中「介子（meson）」的存在。當初實驗並未發現，但科學理論預測它的存在是必然的，這一預測後來被實驗證實，並獲得了諾貝爾獎。

同樣，智能設計理論透過科學理論預測了自然界中「智能設計師」的存在。如果更深入研究科學思維則別無選擇，只能承認在自然界的形成過程中存在著智能設計。

2. 智能設計理論例：鞭毛馬達

鞭毛（flagellum）是很多原核單細胞生物和某些真核多細胞生物細

胞表面像鞭子一樣的胞器，用於運動及其他功能。細菌鞭毛是代表性的，具有螺旋形狀，且這種形狀在鞭毛運動過程中不會改變，鞭毛的基部與細胞表面下方的基體相連，有一個特殊的旋轉結構，鞭毛相對於細菌細胞旋轉，同時在翻滾過程中保持成束狀。

原核生物的鞭毛由一種叫做鞭毛蛋白的蛋白質組成，在真核細胞中是 9+2，即真核生物鞭毛的基本結構稱為 9+2 微管構成，9+2 結構是在外圍排列成環狀的 9 對稱成為外周雙微管的小管，在中央排列 2 個（一對）中央單微管的結構，鞭毛的核心部分稱為軸絲，這些微管之間存在著一種稱為動力蛋白的蛋白質分子馬達。科學家認為動力蛋白水解 ATP 並獲取能量，能量轉化為微管之間的滑動運動，導致鞭毛彎曲。

精蟲或精子（spermatozoon、spermatozoön、複數 spermatozoa），俗稱「蝌蚪」，是男性或其他雄性生物的生殖細胞，精子主要由頂體、細胞膜、細胞核、具精子特徵性的螺旋狀粒線體以及鞭毛所構成。就精子而言，根據類型的不同，有許多變化，從具有基本 9+2 結構的精子，到外部具有細胞質微管的精子，像哺乳動物精子一樣具有九個粗外周束纖維的精子，以及具有中心纖維的精子，有的在該位置有一根粗纖維，

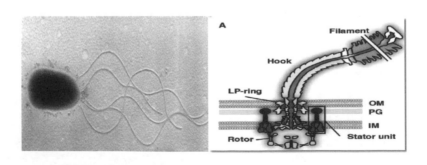

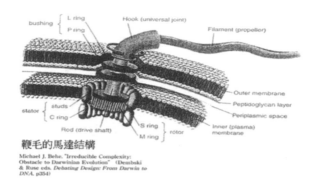

鞭毛的馬達結構

Michael J. Behe. "Irreducible Complexity:
Obstacle to Darwinian Evolution" (Dembski
& Ruse eds. Debating Design: From Darwin to
DNA. p354)

有些精子，例如兩棲動物的精子，具有波膜，每個細胞通常有一到兩根鞭毛，其長度比纖毛還長，有的從幾十微米到幾毫米，直徑約 0.2 微米，但哺乳動物精子的直徑厚得多，周圍有束纖維。

鞭毛基部的旋轉結構中，桿繞圓盤狀軸承旋轉。同時，桿的旋轉直接傳遞到與之相連的細絲（鞭毛體）上，細絲由五重鞭毛蛋白單體製成，已知具有以螺旋圖案排列的圓柱形結構。但由於鉤子的作用，細絲的方向指向細菌細胞的後方，這是一種鞘狀結構，鞭毛是馬達結構、大致由三個部分組成：作為旋轉馬達的基體、作為方向的鉤子以及像螺旋槳一樣運動的鞭毛纖維。

有性生殖的雄性生殖細胞，大多數是有鞭毛的運動細胞，分為頭部、中段和尾部三個部分。頭部包含參與受精的頂體（一種特殊的溶小體）和濃縮的細胞核，中段含有粒線體，為尾巴的推進運動提供能量。精子是在睪丸中透過精母細胞減數分裂形成的，主要成分是 DNA、核蛋白、磷酸及精氨酸，在哺乳動物中並含有透明質酸酶，可以溶解卵周圍的膠狀物質與卵子融合開始發育，並將遺傳訊息從雄性傳遞給後代。

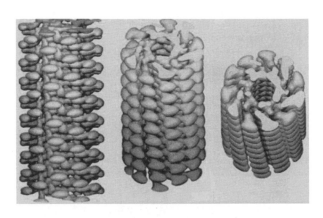

· 電腦畫出的鞭毛立體結構

在植物中，苔蘚植物、蕨類植物、銀杏和蘇鐵植物會產生精子。

細菌鞭毛是研究鞭毛典型對象，其活動性在於鞭毛基部嵌入細胞的部分，這是馬達。此馬達具有比細菌體長數倍的螺旋形鞭毛纖維，作為螺桿與其連接，透過被動旋轉產生推進力。鞭毛馬達是由許多蛋白質組成的超分子複合物，包括將離子能轉化為機械能的電機蛋白複合物和控

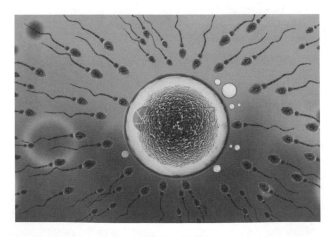

· 人類精子的鞭毛

制馬達旋轉方向的開關複合物等分子結構。

　　細菌利用鞭毛作為推進引擎沿直線游動，但有時它們會暫時停止游動並改變方向，這稱為翻滾。鞭毛在其基部的電機的驅動下高速旋轉，產生推進力，能夠在水中主動游動。大腸桿菌和沙門氏菌有多個左手螺旋鞭毛，能在直線游動時捆綁在一起產生推進力，當馬達每隔幾秒鐘突然反轉一次時，扭轉力瞬間將螺旋線轉變為右旋螺旋，近而解開鞭毛束，產生推力不平衡，導致細菌體旋轉並改變其游動方向。馬達旋轉方向的切換由位於細胞膜上的化學溫度感測器發送的信號控制，使細菌聚集在具有最佳營養和溫度的環境中。

　　鞭毛馬達的旋轉機制　在大腸桿菌和沙門氏菌的鞭毛馬達旋轉的能量來源是細胞膜內外形成的質子之間的電化學位能差，即質子驅動力。另一方面，海洋弧菌的鞭毛馬達和只能在強鹼性環境中生長，嗜鹼性細菌的鞭毛馬達是由鈉驅動力驅動的。有趣的是，枯草芽孢桿菌的鞭毛馬達根據 pH 和鈉離子濃度等環境變化選擇性地使用質子動力和鈉動力。

　　鞭毛動力與現代設計的馬達幾乎一樣，是自然演化的結果嗎？或是高智能設計的呢？

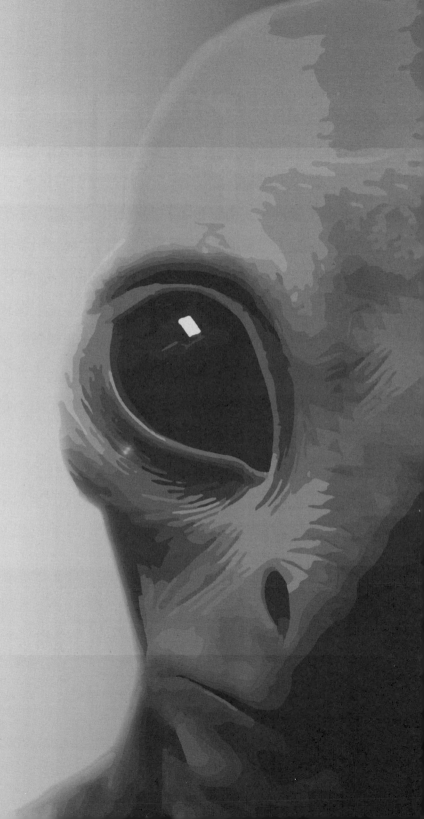

第 6 章

宇宙、天地與生命的創生

一、宇宙來自何方──創造或演化

宇宙是特地創造的，還是偶然驅動的演化產物？

提及「宇宙（universe）」時通常指的是時空和其中的一切，包括星系、恆星、太陽和地球，「宇宙」是一切所存在的事物。

因此，「宇宙」只有一個，然而，最近科學家認為，實際上可能不是一個宇宙，而是多個宇宙，這表示除了這個宇宙之外，可能還有其他「宇宙」。當然，即使存在其他「宇宙」，從我們的宇宙前往其他宇宙也不容易，更無法看到是什麼樣子。想像有兩個宇宙，另一宇宙有星系、太陽和行星，但到處都沒有人類，沒有生命，這是一個只有物質的世界。另一個宇宙就是我們現在所生活的宇宙，有一種智慧生命形式，稱為人類。

現在，這兩宇宙都是「宇宙」，然而存在的理由卻完全不同，在我們所生活的宇宙中，人類透過各種智力探究來認識宇宙的存在和狀態，天文學家探索恆星，理論物理學家思考宇宙的起源，工程師向恆星發送

探測器，人類與宇宙有著千絲萬縷的關係。在沒有智慧生命的宇宙不會被任何人所認可，想要被認可就意味著宇宙「一無是處」，不管宇宙有多廣闊、多美麗，如果沒有人認清它的存在或出現，那就等於不存在。

　　基於「認知」，沒有智慧生命的宇宙，即使存在，也是如同不存在的宇宙。而我們這個有智慧生命的宇宙，則被稱為「存在的宇宙」。為什麼我們所生活的宇宙存在著智慧生命才叫宇宙，只由物質組成的宇宙是不存在的。宇宙的誕生是特意經「程式設計（program）」的，當然有程式設計者（programer）。

1. 宇宙可完全控制

　　宇宙有許多「自然常數」，也就是在我們的宇宙中存在某些「固定值」，例如光速、電子質量、引力常數和普朗克常數（Planck constant），馬克斯・普朗克在 1900 年研究物體熱輻射的規律時發現，電磁波的發射和吸收不是連續的，而是一批批進行，計算的結果和實驗結果是相符，這樣的一批能量叫做能量子，每一份能量子等於普朗克常數乘以電磁輻射的頻率。這關係稱為普朗克關係，用方程式表示普朗克關係式：

$$E = h\nu \; ;$$

其中，E 是能量，h 是普朗克常數，ν 是頻率。

普朗克常數的值約為：其中電子伏特（eV）為能量單位。

$$h = 6.626069934(89) \times 10^{-34} \text{J·s.}$$
$$= 4.135667662(25) \times 10^{-15} \text{eV·s}$$

同元素是氫，氫原子最早在宇宙復合階段出現並遍佈全宇宙，宇宙中的氫主要以單原子形態和電漿態存在，電中性的氫原子含有一個正價的質子與一個負價的電子，電子質量是指一個靜止電子的質量，約為 $9.109 \times 10 - 31$ 公斤。如果電子質量只有相差 1%，人類就無法存活，人們很容易認為存在 1% 左右的差異也無所謂，但事實並非如此，這個宇宙被如此精細的控制，變成了一個「智慧生命的宇宙」。

生命中都有原子，成分之一的中子質量有 0.1% 的微小差異，生命也會變得不可能。如果多 0.1%，宇宙中就不會形成生命所必需的重要元素妙碳、氧、鈣、鐵等。另一方面，如果少了 0.1%，宇宙中所有的恆星就會立即變成中子星或黑洞並坍塌，無論哪種情況，生命都無法誕生。

眾所周知，「核力」，即原子核內的力，包括「強力」和「弱力」。研究再次表示，即使「強力」常數僅相差 2%，生命也不可能存在，「弱力」也是如此，即使只相差幾個百分點，生命也不可能存在，其他萬有引力常數、電磁力常數、光速等縱使有微小的差異，生命也會變得不可能。

同時，氦、鈹（Beryllium）、碳和氧等原子核基態的能階也被發現受到令人驚訝的調節，即使只有 4% 的差異也意味著無法產生生命所需的碳和氧。

眾所周知，當前的宇宙正在膨脹，這個擴張速度也是精妙控制的，依科學計算，如果只是誤差 10 的 55 次方之 1，星系和恆星都不會形成。相反的如果以同樣的比例縮小，宇宙就會在像太陽這樣的恆星形成之前就已塌陷了，無論如何，這樣的宇宙不會成為「有智慧生命的宇宙」。

還有很多其他的研究成果，但無論如何，宇宙中的一切都受到精確控制和調節的事實已經受重視，換句話說，宇宙是在細節和整體上以非常微妙的平衡創造的。

宇宙被認為是從「無」或「真空」中誕生的，根據聖經，宇宙的存在是因為上帝「從無中呼喚」（羅馬書 4：1）。聖經 描述「抬起你的眼睛，看看是誰創造了它們，他清點並召喚所有的生物，每一個都被稱為它的名字，他精神飽滿，實力雄厚，沒有一物被遺漏。」（以賽亞書 40：26）

宇宙中所有的天體，包括地球，都是從無到有創造出來的。聖經文中說，「他充滿活力」，但聖經的一種翻譯將「活力」一詞稱為「能量」。事實上，現代科學家認為物質可以轉化為能量一樣，根據愛因斯坦的關係（$E=mc^2$），能量也可以轉化為物質。因此，如果上帝富有「能量」，那麼就可以合理地認為宇宙中的所有物質都是上帝創造的。

這樣一來，大爆炸理論可以說是接近於《聖經》中宇宙從「無」開

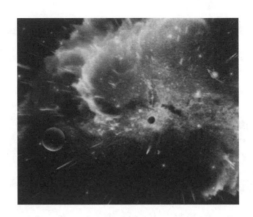

· 宇宙大爆炸

始爆炸性描述的描述,因此,並不能否定宇宙是創造的理論。但有人反駁說:「聖經並沒有說宇宙是從『爆炸』開始的。爆炸是破壞性的,而不是創造性的。」

然而,大爆炸理論中的「大爆炸」並不是這樣的,當我們聽到「爆炸」這個詞時,我們會想到諸如炸藥之類的爆炸,因此大爆炸理論是一場「太空爆炸」。

宇宙大爆炸意味著整個宇宙的爆炸性誕生,是空間、時間和物質的連續體,空間本身不是在某物「內部」發生爆炸,而是在迅速膨脹,突然出現。與炸藥之類的爆炸有根本的不同。

宇宙是「在爆炸中誕生」而不是「因爆炸而誕生」更能說明大爆炸理論的思想,空間、時間、物質突然從無到有,膨脹、擴大、成形,目前宇宙仍然被認為在膨脹。

「創造諸天,鋪張穹蒼的耶和華上帝」(以賽亞書4:5),宇宙被「拉伸」——聖經似乎說宇宙不僅爆發了,而且隨後被拉伸,膨脹成一

片廣闊。

　　現在的大爆炸理論並不是完全正確的，但大爆炸理論也不是否定《聖經》描述的東西。未來大爆炸理論很可能會被重寫，這只是一個假設。不過，即使改寫了，相信它一定會讓《聖經》的教義更有說服力，「宇宙是從無誕生，從無延伸出來的」。

　　另一個有趣的事情，這意味著唯一真正說「由無創造」的宗教書籍實際上是「聖經」。世界上有許多創世神話，然而，在所有這些神話中，「物質」在「開天闢地」之前就已經存在。

　　所有這些神話都承認物質在世界創造之前就已經存在，那麼在之前的物質是如何存在的？只有《聖經》說世界是「從無到有由神所創」現在，當偉大卓越事物從無到有創造宇宙時，是如何準備物質，創世力量又來自何方的？

　　在聖經創世記第 1 章 2 節中，提到「上帝的靈」正在宇宙和地球上「運行」。這是一個表達，表示有一個無形的實體參與激活了原本混沌的宇宙和地球，並帶來了高度的秩序。《聖經》中「上帝之靈」一詞的含義是力量之源，神性是力量的源泉，各種能量都由此散發出來。上帝之靈在太空和地球上「移動」，就如母雞和其他人拍打雞蛋一樣，似乎是「神靈」啟動並佈置了物質世界，以自身的體溫給物質世界供熱，等待孵化。

　　今天，在物理學中，不僅電磁波，而且引力都被認為是透過波傳播的，這樣的粒子被稱為「物質波（material wave）」。「神靈」之中能

量波動，結果能量變成了「物質」，物質世界被激活，「到第七天，上帝宣告他所做的工作已經完成。」

萬物完成之後，神就收回他先前的作為，定下了物理化學定律，讓宇宙按照這些定律運行。在此之前，一直在為宇宙提供能量，在被「告知完成」之後則不再向宇宙提供新的能量。

因此，被譽為物理學中支配宇宙的最根本定律的「能量守恆定律」，自然是可信的定律。根據這個定律，（包括能量的多少）只能改變形式，不能被創造或毀滅。即使發生某些物理或化學變化，的能量總和始終是恆定的。因此，根據「能量守恆定律」，宇宙的總能量應該是恆定的，具有一定的值。「能量守恆定律」可以說是從上帝宣告造物工作完成，一切工作「休息」的描述中自然而然地預見到了。

2. 太陽、地球及天地的創生

眾所周知，「光」在生命存在的環境中所起的作用有多麼重要，植物、動物和人類都離不開光，生命之所以在地球上誕生，是因為太陽給了我們充足光照。

在聖經創世記第一章對宇宙的描述中，有一件看似奇怪的事情就是「光是在太陽之前創造的」。

光是在創世的第一天被創造出來的，地球已經有了「白天」和「黑夜」。但是太陽本身是在第四天製造的。那些認為這是「矛盾」的人說：「當還沒有光源，太陽，光怎麼能發光呢？」

但是，考慮到以下情況，先創造光而後創造太陽的說法一點也不奇怪，首先，讓我們來看看現代科學家對太陽起源的看法。

根據目前的科學研究，氫是宇宙中物質中含量最多的元素。氫原子由一個質子和一個電子組成，是元素中結構最簡單的，下一個最常見的是氦，結合氫和氦結合成為宇宙總物質的 98%，所有其他元素僅佔約 2%，宇宙中的大部分物質是氫和氦。

透過檢查星球發出的光的「光譜」所發現的，每種元素都有自己的「光譜」，因此我們可以研究一顆恆星發出的光的光譜即可得知星球的元素。

一般來說太陽的起源是氫及其他一些元素開始在自己的力量下相互吸引，形成「氣體雲」，物質的原子和分子聚集在一起，自然形成聚集體，成為「氣體雲」。

氣體由於其自身的重力向中心收縮，就開始發光，溫度和濕度較低的氣體雲外層以超音速向中心墜落，並和已收縮停止的密度大中心部分發生劇烈碰撞，產生的衝擊波一直傳播到氣體雲，雲物質被加熱，熱到近 4000 度，因此氣體會突然發亮。當溫度足夠高時，氣體突然開始發

出明亮的光，而且，在這個階段，氫核融合反應還沒有發生。

由於現在的太陽是從核融合中獲得能量的，從這個意義上說，發光氣體雲可以說和現在的太陽不同，也可以說就是現在太陽的前身。與太陽歷史的長度相比，這種氣體在很短的時間內積累得很多，中心開始核融合反應。當升高到足以發生改變的溫度，「這種收縮使中心變得更熱，當溫度最終超過 1000 萬度時，融合反應開始了太陽誕生了。」

直到今天，太陽穩定的光繼續照亮，可以說，當以這種方式融合賦予了持續發光的能量時，太陽才真正誕生。依聖經所載，「太陽是在創造的第四天被造出」這句話的意思是「從無到有創造了某物」。

相反的似乎意味著「從存在中創造」，太陽是使用已經存在的材料創造的。太陽並不是在「第四天」突然從「虛無」中出現，而是太陽的物質或原型已經存在於外層空間，隨著第一天的話，「要有光」，開始發光，在第四天，上帝說變成了現在的太陽。

地球和宇宙是按照特殊的計畫創造的

現在，《聖經》通過其記載告訴我們的最重要的事情是球體和宇宙是在一個特殊的計劃／設計中建立的。

宇宙從一個空體開始，被賦予神能，整體分化發展，逐漸走向高度有序的形態。從第一粒塵埃開始的物質既簡單又復雜，安排了形成天體的主要物質，進而形成了生命最基本的水分子，水在地球上形成了海洋，也就是說，在創世「第一天」的前半段，已經有時間、空間和各種

物質的創生，包括水。此外，還創造了光，本應是現在太陽系中心的位置上創造了太陽，或者說其前身，藉以區分光明與黑暗，白天與黑夜。

必需解釋的是，第 1 天到第 3 天和第 4 天到第 6 天之間有著明確的對應關係。第 1 天和第 4 天，第 2 天和第 5 天，第 3 天和第 6 天是對應的。它們顯然是「設計」的！

第一天，光明與黑暗被分開，並在第 4 天創造了掌管白天的太陽和掌管夜晚的太陽。還有，在第二天，創造了天空和水，第 5 天，創造了魚類和其他水生生物，以及空中動物和其他空中動物。第 3 天形成了陸地，第 6 天創造了爬行動物和哺乳動物等陸地動物，第 3 天創造了植物（生命）。所以第 6 天創造了人。我們從這裡知道什麼？

首先，地球和宇宙是通過特殊的設計和設計創造的，的確，萬物的產生是出於一位偉大智慧的造物主的計畫和設計，其次，世界是通過「分化和發展」的過程創造出來的，例如光與暗的分離，陸地、海洋和空氣的分離，以及各種生物的產生。例如，當胎兒在人類母親的子宮中生長時，上帝通過「細胞分裂」，分化發展出生命，最初只是一個簡單的受精卵，最終獲得了高級功能生命。

同樣的，神透過「分化發展」的方式創造了地球和宇宙。在萬物中，人是最後創造的，正如父母在嬰兒出生前就等候嬰兒出生，並在嬰兒出生前準備好所有必需品，如尿布、床、嬰兒衣服、玩具等，神創造了人類可以生存的環境，把地球完全佈置好，最後終於讓人出現在了地球上。根據聖經，第一個人是男性，女人是後來創造的。據說第一個女人

夏娃是用第一個男人亞當的肋骨創造的。

　　女人和男人一樣，不是直接從「地球」創造出來的，而是用男人的一部分創造出來的。「主神讓男人（亞當）沉睡，他睡著了。所以他拿了一根肋骨，堵住了那裡的肉。主神用男人的肋骨做了一根肋骨，變成了女人。」（創世記 2：2-2）「肋骨」的一部分是從亞當的肋旁取下的，用來製造夏娃，如果是這樣，亞當將在他的餘生中失去部分肋骨。

　　宇宙，即萬物，正如聖經所說，「從無到有，被呼喚成某物」，以某種形式被召喚存在。

　　在被拉伸的空間中，「第一顆塵埃」被創造出來，在外層空間出現的無數塵埃粒子形成了地球和其他星球。太陽系前身誕生並開始發光，後來它變成了太陽，也是太陽系的中心。

　　地球誕生之時，第一天是一團巨大的水蒸氣，第二天就分裂成上層

的樹和海（創世記 1 章 7 節）。起初，海洋覆蓋了整個地球表面，但大陸從海中出現，將海洋與陸地分開。那時只有一個大陸。

　　地球表面的植物隨後通過二氧化碳固定作用釋放氧氣，增加了大氣中可用的氧氣。此外，由於植物由各種有機物質組成，因此它們成為動物和人類的食物（第 3 天）。

　　植物被創造之後，各種動物也被創造出來，各從其類，最後人類被創造出來（第 5 ～ 6 天）。現在，在洪水之前，地球的高層大氣中有一層厚厚的水蒸氣，所以地球表面就像在塑料溫室裡一樣溫暖。

　　沒有砂漠及永久的冰原，到處都是上面長滿了茂密的植物，還有恐龍等巨型生物。但到了挪亞洪水那一天，水蒸氣層變成了一場大雨，落在地球上「40 天 40 夜」，還噴出了大量的地下水，使大洪水的範圍更加廣泛，由於當時的大陸比現在平坦得多，水覆蓋了整個地球表面。即使在大雨停止後，水面仍繼續上升，「水繼續上升超過地面 150 天，」（創世紀，第 7 章 24 節），而因為大洪水沖刷過的地表發生了種種變化，「山升高谷降低」（詩篇第 104 篇 8 節）。

　　這種地殼運動可能起源於海洋區域，首先抬升了海底山脈，升高了海平面，並使始於大雨的大洪水規模更大。然而，在那之後，水「漸漸地離開了地球」（創世紀，第 8 章 3 節），這是因為世界上的山脈已經升起，山谷已經下降，地球表面已經起伏不定，水匯集在低處，當它升到海面以上時，就變成了陸地。

　　今天在地面上看到的高山、海底山和巨大的海溝是大洪水災難性變

化期間地殼運動造成的，這一變化也將原本連成一塊的單一大陸分離成現在的形態。大洪水摧毀了許多植物和動物，包括冰凍的猛獁象和許多曾與死亡奮鬥陷入地層的生物的化石講述了這一故事。

　　大洪水的理論比進化論更能解釋地球上地層的形成，按照進化論，地層和地層中的化石會產生很多矛盾和不清楚的地方，但是按照大洪水的理論是不存在矛盾的。大洪水開始的時候，海底生物一般都生活在最底層，魚類和兩棲動物因為會游泳而生活在上層，陸生動物比海洋生物住得更高，流動性也更好，也就是在最高層。

　　而人類，憑藉其高度的機動性和巧妙的逃生能力，通常出現在最高海拔地區。大洪水導致地層迅速沉積，形成了各種化石。除非透過這樣的災難性過程，否則化石永遠不會形成。

　　大洪水之後，地球的面貌完全改變了，氣候發生了變化，極地地區被冰封了起來，地表也重整，生態系統也發生了變化。此外，水蒸氣層去除後，地球暴露在宇宙射線和紫外線中。進化論者把宇宙、地球和人

類的年齡誇大成年代久遠，但是有很多可靠的證據証明地球和人類起源
都非常年輕。

進化論者故意以「長時間」 解釋演化需花較長時程，但即使宇宙
已有 150 億年或更長時間，生命自發出現的概率也是零。

正如聖經所說，將宇宙、地球及其居民和人類視為最近的創造物，
「各從其類，種類繁多」，更能解釋天地、萬物創造之謎。

一種生物和另一種生物之間沒有中間類型，不僅在今天不存在，而
且在化石記錄中也找不到，化石記錄告訴我們沒有進化，化石是創造的
證據，而不是進化的證據。生命體具有驚人的複雜和精確如機械結構，
可能將此視為偶然的產物。更何況，無論是宇宙還是地球的環境，都是
由精巧得驚人的微調構成的，不可能認為這是偶然的產物。

所以無論是宇宙、地球還是人類，都不是偶然進化的結果，自然界
的一切無法以唯物主義來解釋，宇宙和生命的存在是偉大卓越事物 的
工作結果，背後是偉大的智慧設計者。

3. 生物世界的誕生

大洪水之前生物世界是如何存在的，生物世界是如何形成的？生命
從哪裡來？

根據進化論，最初的簡單生命是由無生命物質偶然產生的，經過進
化產生了無脊椎動物，然後是脊椎動物，然後是魚類，然後是兩棲動物、
爬行動物、鳥類、哺乳動物等。然而，接下來的事實表示，這只不過是
一種想像。

生命世界是由各種各樣的生物組成的，從小型到大型，從簡單到高級的生物。然而，但並不是連續變化的，而是被組織成「物種」。

例如，狗屬於狗的「物種」，貓屬於貓的「物種」。這些物種差異自古以來就存在，是固定的，並且不會從一個物種到另一個物種而改變，從化石記錄和所有生物學中都可以清楚看出這一點。

狗始終是狗，貓始終是貓。鯨魚始終是鯨魚，麻雀始終是麻雀，物種之間的差異自古以來就沒有絲毫改變。儘管進化論聲稱物種會發生變化，一個物種是由另一個物種產生的，或者是高等物種分支出來的，但所有可靠的科學證據都完全駁斥了這一點。

例如在都市的城市景觀中，有一些小型建築和一些大型建築，有一些設施簡陋的建築，也有一些設施豪華的建築。一棟設備簡陋的小樓會自然『進化』變成了一棟豪華的大樓嗎？這些改變是自己發生的嗎？事實上這與進化論者聲稱「小型低等動物最終進化成大型高等動物」同樣荒謬。

在城市裡，小樓建成小樓，大樓建造大樓，從一開始就有這樣的設計，每棟建築都是按照這個設計單獨建造的。同樣，如果我們觀察生物世界，每種生物都是作為一個完整的實體而被創造出來的。

進化論者說單細胞生物是「簡單」和「低等」，但單細胞生物絕不是簡單或低等。例如，當我們觀察單細胞生物阿米巴原蟲時，我們發現細胞內部具有非常複雜的結構和功能，通常比多細胞生物體中的每一單獨的細胞複雜得多，

變形蟲僅由一個細胞組成，用於進食和排泄食物。

阿米巴原蟲可感知外在世界，甚至移動，還具有生育後代和繁殖的能力，所有這一切只需一個細胞即可完成，所以要能理解其結構和功能有多複雜。

除非所有消化器官、排泄器官、感覺器官和產生後代的生殖器官都處於完美狀態，否則生物體無法生存。例如，動物即使有消化系統，如果沒有排泄系統也會死亡，縱使擁有所有其他器官，如果沒有生殖器官，也無法產生後代。

進化論認為這些功能是逐漸獲得的，但實際上不可能的，生物體從其個體存在之初就必須具有完美的所有功能。

這樣思考就很自然地理解從一個「物種」到另一個「物種」不存在中間物種（過渡類型）。因為即使一個生物在轉移到另一個物種的過程中獲得了不完整的器官，那也只不過是一種畸形，對生物體來說是一種負擔，危及生命體。例如，進化論者聲稱魚鰭進化成了兩棲動物和其他

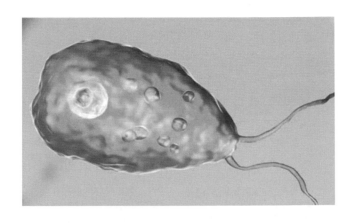

動物的腿，然而，鰭的基部只有一個關節，而腿則有三個關節。如果鰭進化成腳，就期望能找到只有兩個關節的中間腿生物的化石，但目前還沒有發現這樣的化石。

換句話說，魚並沒有進化成兩棲類；魚類總是魚，兩棲類總是兩棲類，是完全不同的物種，物種並沒有改變。進化論者還聲稱，當四足動物的兩條前腿轉變為翅膀時，鳥類就出現了，然而，如果動物的翅膀仍然不完整也無法飛翔，那麼不完美的翅膀只會成為動物的負擔，這種動物很快就會被普通的四足動物吃掉。

這樣看來，生物逐漸進化、新「物種」誕生的想法是極度不合理的。「突變」對於一個物種轉到另一個物種的誕生是必要的，但實際觀察到的突變只不過是畸形和缺陷，更高級形式的突變根本沒有觀察到。

當研究人員觀察著名的黑腹果蠅的突變時，他們發現這些突變只會導致「嚴重的缺陷，例如翅膀異常短和鬃毛變形缺陷」。

突變只不過是畸形、殘障和缺陷，只會危及生命形式，不會創造更先進或不同的物種，如果世界上存在進化，突變將是進化的唯一驅動力，但是這個世界上不存在能夠帶來進化的突變。

一些進化的例子，特別是突變，都表示資料並沒有增加，分子生物的研究表示，在所有情況下，突變都不會增加遺傳信息，反而會減少遺傳信息。

從生物學上來說，人類和細菌之間的根本區別在於各自擁有的資訊，所有其他生物學差異都源於此，人類基因組，即一組人類染色體包

含的資訊遠遠多於細菌基因組。

　　由於資訊在突變中會遺失，突變不可能聚集更多資訊，就像一家公司如果一點點虧損就賺不到錢一樣。也就是說不可能透過變異而進化，這是許多科學家得出的結論，任何人都不能忽視。

　　如果有人相信宏觀進化（超越物種層面的進化）可以透過突變發生，即使資訊因突變而丟失也無所謂，那麼這個人每次出售東西時都必然會虧損，這就像商人認為可以透過銷售大量商品的同時來大獲利一般。畢竟沒有進化。即使時光倒流，人類始終是人類，猴子始終是猴子，長頸鹿始終是長頸鹿。此外，對於各種動植物，包括魚類、鳥類、爬蟲類、兩棲類和植物也是如此，沒有發生跳躍物種的變化。

　　有些植物和動物很久以前就存在過，後來滅絕了，不再存在了，然而，歷史上從未因進化而創造出新物種，世界上的生物種類數量在一開始是最多的，然而，從那時起，隨著滅絕物種數量的增加，物種數量逐漸減少。

4. 諾亞方舟與人類起源

　　《聖經》中出現了「諾亞方舟」的故事。這是一艘巨大的船，是為了在曾經襲擊地球的全球洪水中拯救人類而建造的，說到這裡，很多人會想：「不可能把世界上所有的物種都裝進方舟這樣的一艘船上，不可能把所有的物種都裝進方舟。」然而，這實際上是可能的。

　　當然，如果諾亞試圖將所有「變種（型）」都包括在內，那麼就太難融入方舟了，但事情本來不必如此，所要做的就是從每物種中選出

· 諾亞方舟在土耳其亞拉拉山 發現

一個「代表」並將他們放在方舟上。

就所有生物而言，物種數量相當多，然而，如果我們排除所有植物和水生動物，只限於陸生動物和鳥類，這個數字就會少得多，據動物學家稱，比羊更大的動物不到 300 種。其他的則較小，因此不會佔用太多空間。如果將這些「代表性」動物放入方舟，那就有意義了。

此外，諾亞不一定要把成年動物帶上他船，對小動物而言來說不佔空間是完全沒有問題的，而不是大型、成年動物。特別是對於巨型恐龍來說，最好包括年輕的小恐龍，即使是恐龍，如果是蛋或剛出生的時候，尺寸也不會超過幾十公分到一公尺。

聖經中提到的方舟也是三層結構，面積寬敞（約 9000 平方公尺），因此，神創論科學家估計方舟有足夠的空間容納所有陸地和鳥類等代表物種以及食物。

換句話說，從科學的角度來看，如果聖經中提到的方舟實際上是過去全球大洪水中倖存的一種手段，也就不足為奇了。大洪水之後，生物

開始再次繁殖和擴散，首先是從方舟中出現的代表性動物。今天所有的人類都是諾亞和他妻子的後裔，諾亞和他的妻子、他們的三個孩子和他們的妻子，總共八個人，作為人類的代表倖存下來，並產生了今天的人類（彼得後書第 2 章 5 節），人類所有種族都是他們的後裔。

動物也繁殖和傳播，透過方舟中出現的代表性動物的突變產生了各種類型，生物體內有「基因庫」，有可能在其基本物種範圍內發生變異。

就這樣，每一物種都擁有了多種類型，在後洪水世界中再次創造了一個多樣化的生活世界。

非洲不是人類的發源地。

進化論者稱之為「非洲夏娃假說」，這個理論源自於人類細胞內粒線體 DNA 的研究，該理論指出，「現代人類的母親是一位生活在非洲的女性，稱她為夏娃吧。」既然用了「夏娃」這個詞，有些人可能會認為與所提到的「亞當和夏娃」的故事有關，但事實上，根本沒有關係。

進化論者認為在非洲發現的南方古猿（猿人）是人類的祖先，這種南方古猿並不是真正的「猿人」，而只是一種類似猴子和大猩猩的滅絕動物，但那些相信是人類遠祖的人認為人類的直系祖先也來自於非洲，「夏娃假說」就是專門針對這一點所提出的理論。

有些人仍然認為夏娃的假設是合理的，然而，早在 1992 年就已被揭露這理論是完全錯誤的，《科學》雜誌上曾有論文一舉駁斥了夏娃假說，即使是受到批評的夏娃假說的支持者也欣然承認自己的錯誤。

這是因為夏娃假說是由電腦根據 DNA（基因）分析數據提出的，但電腦的數據處理方法存在基本錯誤，最終，這場軒然大波表示人類的起源無法用這種方法確定，就這樣，進化論者的夏娃假說，經過一番折騰，最後被判定沒有價值。

人類的發源地是美索不達米亞，而不是非洲，第一批人類亞當和夏娃就出生在那裡，根據目前的地圖，美索不達米亞是一個相當於歐洲、亞洲和非洲大陸交會處的地區，也就是說，是高加索人（白人）、蒙古人（黃種人）、尼格羅人（黑人）三大人種居住地區的交會處和中心。基因也證明，第一對男人和女人可以產生白色、黃色和黑色的膚色，也就是說，第一對男人和女人在那個地區出生，然後所有的白人、黃種人和黑人都繁殖並傳播到世界各地。

此外，美索不達米亞也是世界上最古老文明的搖籃，該地區也是牛、山羊、綿羊、馬、豬和狗等牲畜的家園，這些物種的第一對雄性和雌性也起源於美索不達米亞，美索不達米亞盛產蘋果、桃子、梨子、杏子、櫻桃、　桲、桑葚、醋栗、葡萄、橄欖、無花果、椰棗、杏仁、小麥、大麥、燕麥、豌豆、芸豆、亞麻、菠菜和蘿蔔．大多數洋蔥、其他水果和蔬菜的來源。

因此，在大洪水之前，代表每種生物的第一對雌性和雄性在美索不達米亞誕生，此外，隨著時間的推移，在該「物種」的範圍內誕生了各種類型，生物世界變得多樣化，這樣，大洪水之前的世界就存在著多樣化的生物世界。

狗從一開始就是狗，貓從一開始就是貓

沒有進化，生物的『種類』自古以來就沒有變過，狗始終是狗，貓始終是貓，人始終是人，猴子始終是猴子……這些生物在某個時候開始存在，而且，無論是什麼物種，都百分之百是個活體，這就是化石記錄所得知的。

這樣就得出結論：生物可能已經被創造出來了。這是因為生物無論大小，其形狀、外觀、功能和能力都經過精心設計，任何生物都是被創造出來的，沒有多餘或不足，是百分之百完整的。

例如，在美國南達科他州拉什莫爾山國家紀念公園（Mount Rushmore National Memorial），稱美國總統公園、美國總統山、總統雕像山，山的懸崖上有一座巨大的雕塑，上面刻著塑造美國歷史的四位著名總統的臉。右起：林肯、羅斯福、傑佛森和華盛頓。臉部的垂直長度約為 1 公尺。每一張臉都雕刻得如此精美，你可以很容易地認出是一張著名的人臉，但每一種生物都比這尊雕塑更加完美和精緻。

有人真的認為這些雕塑中總統的臉是經過數百萬年的侵蝕偶然形成的嗎？不應該有的。這是因為乍一看，很明顯這個碼頭的景色是人類設計的。可以從其中讀出雕塑家的感性、智慧或技巧，因此可以得出結論，這個雕刻不是演化的產物，而是雕塑，同樣，當我們看到生物是經過精心設計時，我們意識到不是偶然驅動演化的產物，而是特殊創造的結果。

關於生命的設計很難想像生物是偶然誕生的,而且它們似乎都經過了奇妙的設計。擁有分子生物學博士學位的醫生 Michael Denton 博士對此表示同意:「完美無所不在⋯⋯生命分子運作的精確度和複雜性與我們人工創造物的尖端相比。」例如,即使是一種稱為 DNA(基因)的微小細胞內物質也暗示著令人驚嘆的設計和智力。

人類的生命始於精子與卵子的結合。這個過程稱為「受精」,受精卵立即開始細胞分裂並逐漸生長。卵細胞先分裂成兩個,然後分裂成四個,當細胞分裂時會「複製」自己。

這時,所有的訊息,例如哪些細胞會變成眼睛,哪些細胞會變成肌肉,都會在細胞分裂後傳遞給所有細胞,在這種情況下,DNA 就起到了傳遞訊息的作用。DNA 是細胞染色體中發現的一串非常細且極長的小分子,就人而言,如果伸展的話,可以達到 2 公尺左右,光是一條就有一個人那麼高,這麼長的東西被整齊地折疊起來並存放在每一微小的細胞內。

根據這些訊息，做出所有決定，包括哪些細胞將成為眼睛，哪些細胞將成為心臟，DNA 是一個數據帶，是一個有機體將成為什麼樣的有機體的藍圖。例如，建築師繪製藍圖並創建藍圖，然後用這些藍圖來建造一座美麗的建築。

此外，當錄影帶插入錄影機時，會以圖像和聲音的形式播放。同樣，每種生物都是根據 DNA 磁帶中包含的訊息「根據其類型」創建的。沒有任何物質像 DNA 一樣奇妙，了解得越多，就越覺得它是上帝創造的神秘，就越尊重生命，有一種深深的感覺。

5. 宇宙的程式設計師

許多研究過這個問題的人，甚至那些以前持有無神論立場的人，都承認他們被迫考慮存在一個超越宇宙的智慧實體。「我們看到強有力的證據表示幕後有東西，就好像有人調整了自然常數來創造宇宙，科學家有一個強烈的印象，一切都是設計的。」科學家認為「超級智慧程式設計師」似乎在宇宙的形成過程中發揮作用，當查看所有證據時，總是會想到其中存在某種超自然力量，儘管科學家並不想往此方向推論，但始終相信存在一個超級事物真實的生命。

宇宙是以如此精確控制和微調的方式創造的，這一事實從無神論者的角度很難解釋，但從認識宇宙造物主的角度來看，這卻是極為合理的。例如有一台電視，當工程師製造電視時，他們會決定各種數值，例如陰極射線管使用多少伏特以及流經揚聲器的電流多少，透過確定施加到電視內部每個組件的各種電壓、電流和電阻值來創建電視。

如果這些數字中有一個是錯誤的，那麼電視就毫無用處，螢幕可能不會出現，或只會發出呼呼的聲音。或者它可能會變成大件垃圾。

又如用收音機零組件組裝起來，若安裝了不同的部件並設定了錯誤的電壓，則很難聽到聲音。如果犯了一個組裝錯誤，那就只是垃圾，為了使其正常工作，需要正確組裝所有東西。

同樣，這個宇宙之所以是如此奇妙的「有智慧生命的宇宙」，也是因為宇宙的創造者將物質世界的各種數值設定為最合適的值。這是因為各種自然常數都是以最方便的方式決定的。

即使創造一台電視或收音機，也需要許多傑出人士的智慧、多年的研究和努力。如果真是這樣，身為最複雜、最先進的生命體、這個偉大宇宙的創造者的人類的智慧有多大呢？

隨著科學的進步，科學家現在別無選擇，只能相信上帝創造了宇宙，宇宙被創造得如此美好。宇宙受「熱力學第一定律」和「熱力學第二定律」的定律所支配。熱力學第一定律是「能量守恆定律」，第二定律是「熵增定律」。

這兩條定律實際上是物理學中唯一可以稱為「絕對真理」或「確實真理」的。在物理學中，還有牛頓的「運動定律」、愛因斯坦的「相對論」以及 20 世紀發展的「量子力學」等其他定律，但與能量守恆定律和熵增定律相較之下，這些只不過是「暫時的真理」，只不過是假說罷了。

然而，能量守恆定律和熵增定律被認為是不可否認的科學真理，並已被反覆實驗證實，這些定律是科學的基礎，被認為是支酈整個宇宙的

最確定的定律。這兩個定律其實不是講進化論，而是講創造論。也就是說，可以清楚地表示，宇宙是由一種偉大的神力創造的，首先，我們來看看能量守恆定律的意思。

(1) 能量守恆定律

物理或化學反應前後能量總量不變，能量本身不能消失或重新創造，能量只改變形式，不改變總量，因此能量永遠不會自發產生。

此時，能量也包括質量，這稱為「質量和能量等價性」，質量也被認為是能量的一種形式。現在，宇宙具有一定的能量（包括質量），因此，根據「能量守恆定律」，能量不可能自發產生，可以得出結論，宇宙永遠不可能自發產生。

換句話說，宇宙並不是自然形成的。

(2) 熵增定律

熵是不能被利用的能量的量，熵增定律表明，熵總是會隨著時間的推移而增加。

這條定律，簡言之，就是「水不復返」的諺語。換句話說，「我們使用的能源越多，就越會轉化為低品質的能源，直到變得無法使用。」

所有的物理和化學反應隨著時間的推移逐漸從有序走向無序，從可用能量豐富的狀態走向有大規模不可用能量的狀態，存在從更可能發生物理和化學反應的狀態到不太可能發生的狀態轉變。

換句話說，整個宇宙的熵，即無法使用的能量，隨著時間的推移而

不斷增加，熵會不斷增加，經過相當長的時間（幾百億年或更長時間），宇宙最終將達到「熱死（heat death）」狀態，宇宙中任何地方都不會發生任何物理或化學反應，這是可以實現的。

「熱死」並不是指因熱而死亡，而是指熱力學死亡，宇宙達到了一種沒有任何事件發生的狀態，因為只有這麼多的能量無法使用，宇宙基本上代表已「死亡」了。

不過，目前的宇宙還沒有達到這種「熱死」狀態。這意味著宇宙沒有無限的年齡，宇宙自遠古以來就不存在，換句話說，宇宙有一個「開始」。

從現在起回溯到有限的時間時，宇宙就找到了開始，當宇宙誕生時，熵處於最低值，然而，熵隨著時間的推移而不斷增加，目前的宇宙正處於熵增加的過程中。

如果將 (1) 和 (2) 放在一起考慮，會得到什麼結論？

由 (2)、我們知道宇宙有一個開始，然而，從 (1) 開始，我們了解到宇宙的開始並不是自發性的，如果是這樣，那麼宇宙就是由一種偉大的超自然力量專門創造的，並且是由一種巨大的超自然力量開始的。換句話說由「偉大卓越事物」所「創造」的。

偉大卓越事物有些人會稱他為「上帝」，而有些人則會使用他們宗教的名稱，無論如何，一定是遠遠超出我們人類的智力和存在範圍的。

這樣的真實存在包圍著宇宙，我無法用肉眼看到真實性，也無法用有限的人類智力來衡量，然而，所有科學證據都顯示存在著一個創造並

維持宇宙、生命世界和人類的真實，這只是接受不接受的問題而已。

二、演化論與創造論的科學論爭

1. 熵定律和演化論相互矛盾

　　當灑出一杯水時，水永遠不會恢復正常，此外，如果你毀掉了花瓶，花瓶將永遠不會恢復到原來的狀態，與蘋果樹分離的蘋果果實會隨著時間的推移而腐爛，香蕉、柑橘和蔬菜也是，最終會完全分解並返回土壤。不可能發生相反方向的變化。人類也是如此。當人死後，生命離開身體，身體逐漸腐爛，直到完全分解，回歸大地。這樣，事物往往會逐漸轉向較低質量的能量狀態。這稱為「熵增加」。「熵」這個詞，指的是無法利用的能量，但簡單來說，可以認為是無序、隨意性，隨著時間的推移而增加，事物逐漸從高度有序的形式轉變為低序的形式，變得越來越混亂和隨意。

　　在沒有能量從外部進出的密封狀態（封閉系統）下，熵（無秩序）總量總是趨於增加，這與進化的方向完全相反。演化論認為，生物的形成是熵減少的結果，或者換句話說，是無數次轉變為高度有序形式的累積。

　　但這樣的事可能嗎？演化論者指出，在能量流入和流出的開放系統中，一些熵往往會減少，就像雪花的形成一樣。由於熵在這樣的開放系統中會減少，無生命的物體有可能進化成生物，甚至地球上更高級的生命形式，但這裡有一些疑點。

　　像雪花這樣簡單的事情當然可以完成，這是基於水的物理性質，然而除非有程式來創建更高級的東西，否則永遠不會自然形成。假設這裡有一塊材料放在一個開放的系統中，並向其中註入能量，最終會透過自然的物理和化學過程導致熵的減少，但永遠不會變成一台 Windows 電腦，即使數十億年也是不可能的。

　　電腦之所以被創造出來，是因為人類智慧巧妙地組合材料來製造電腦零件，然後依程式將這些零件組合起來組裝成電腦。有藍圖、設計理念、高科技或設計程式。即使有一台計算機，如果沒有運行的程式和軟體也無法工作。例如，如果沒有安裝文字處理軟體，那麼無論敲擊鍵盤多少次都無法造句，即使在開放系統中，如果沒有程式，高度有序的系統也是不可能的。

　　例如，在生物體中，為什麼植物能夠透過光合作用將陽光的能量轉化為生命力？這是因為植物內的光合作用程式已經包含在它們的 DNA 中，然而，如果將死去的植物暴露在陽光下，陽光會導致它迅速腐爛。如果沒有編程，傳入的能量只會增加混亂。

　　即使是最簡單的生物體細胞，也具有極其複雜和多重功能、組織和有序的形式。生物體具有能夠進行生命活動的內建程式，無生命的物體則沒有，差異是極大的。因此，即使能量在開放系統中流入和流出，除非存在創建程式，否則無法透過自然物理和化學過程創建複雜的組織（例如生物體）。

　　在生命誕生之前，即使地球和宇宙本身存在能量，也沒有程式可以

利用來創造高度有序的形式，因此生命不可能透過進化的過程產生，生命的誕生證明了偉大智慧的計畫和行動在一開始就存在。生物體細胞的 DNA 包含的資訊比 1000 本百科全書還要多，此外，所有這些 DNA 資訊都是使用一種程式語言創建的。這種有序且有用的信息永遠不會透過偶然驅動的演化產生。

　　所以「進化論認為，自然現象的偶然過程產生了高度的秩序定與熵增定律直接相反的。」進化論認為當今世界看到的擁有先進資訊形式的生命世界是由於缺乏資訊和沒有智慧程式而產生的。因此，「進化論相信絕對不可能的事却發生了，進化論不僅缺乏科學事實，而且事實上與其理論相反。」正確的答案在於創造論。

　　創建電腦需要許多人的智慧和努力，有必要將許多程序和資訊納入其中。即使在宇宙創生之初，就存在著包含程序和資訊的偉大卓越事物。

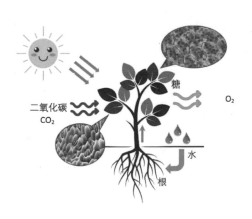

2. 科學家眼中的偉大卓越事物

　　科學家牛頓曾叫一位熟練的機械師建造了一個太陽系模型，該模型是經精心設計的，其中每個行星都使用齒輪和皮帶移動，並放置在牛頓房間的一張大桌子上。有一天，當牛頓在房間裡讀書時，一位朋友過來了，雖然他是無神論者，但他也是一名科學家，所以當他看到桌子上的東西時，他立刻認出了這是太陽系的模型。

　　他走近模型，慢慢轉動模型上的曲柄，然後模型中的每顆行星都以不同的速度繞著太陽旋轉。看到這一幕，他顯得很驚訝，

　　「嗯，真漂亮，是誰做的？」

　　「沒人。」

　　牛頓的目光始終沒有離開書本。

「嘿，我猜你沒聽懂我的問題。我問你這個是誰做的。」

此時牛頓從書本上抬起頭，嚴肅地說：「這是誰做的？」

他接著說，這不是巧合，而是多種因素的結合形成了這個形狀。

驚訝的無神論者的朋友用有些興奮的語氣回答：

「牛頓先生，別取笑人了，我確信這是有人做出來的，

做出這個的人真是個天才，我問的是誰。」

　　牛頓把書放在一邊，從椅子上站起來，把手放在朋友的肩膀上：「這只是我們宏偉太陽系的一個粗略模型。你一定知道支配我們太陽系的驚人法則，即使我告訴你是自己創造出來的，沒有設計師或製造者，你也不會相信，但你曾說偉大的真實太陽系是在沒有設計者或製造者的情況下出現的，到底為什麼？你能給我解釋為什麼會得出如此不一致的結論嗎？」

　　據說牛頓透過這種方式讓他的朋友相信宇宙背後有一位偉大而聰明的創造者。牛頓在他的《原理（Principia）》一書中寫道：「由太陽、行星和彗星組成的極其美麗的天體系統只能說是在一個強大的智慧存在的意圖和控制下形成的，永恆，虛無，絕對完美。

　　他相信宇宙是由一位偉大的、看不見的上帝創造的，並且宇宙是在這位偉大的上帝的控制下存在的。關於他的科學研究，他說，「我在真理海洋的沙灘上嬉戲」，對牛頓來說，科學研究是對真理的探索，讓人類更接近「偉大的東西」。

　　此外，創立相對論、被譽為 20 世紀最偉大科學家的阿爾伯特・愛因斯坦博士曾說過：「我是一個尋找上帝創造世界足跡的人。」對愛因斯坦來說，研究宇宙和自然世界是希望更深入地了解「偉大事物」。許多其他偉大的科學家相信有一個造物主，一個偉大的東西，科學史上許多最著名的人物，包括開普勒、哥白尼、伽利略、法拉第、開爾文、麥克斯韋、巴斯德、林奈、法布爾、帕斯卡、波義耳、弗萊明、道森、魏爾嘯、康普頓、密立根和普朗克，都被歸功於具有創造者思想的創造者。

　　他們都是熱心的創造論者，相信宇宙造物主的存在。科學史學家說，他們在科學史上的偉大成就原動力為他們「更想了解被創造的世界」。

3. 神創論的科學家

　　看到田野裡隨風搖曳的花朵，高原上流淌的小溪會覺得很美，仰望夜空中閃爍的星星，或者看到天空中壯麗的雲海時也會覺得很美，登上山頂被大自然的崇高和威嚴所感動，想必很多人都有過這樣的經驗。

　　大自然的深處有某種東西讓我們感到「偉大」、「崇高」或「雄偉」，這是偉大事物的永恆力量和神性的體現。因此，那些希望深入研究宇宙的科學家透過他們的研究更加確信某些偉大事物的存在也就不足為奇了。

　　宇宙基於極其美麗的物理和化學定律有序地運作，任何尋求了解宇宙原理的人都會被它的美麗和威嚴所吸引，愛因斯坦博士說：「宇宙法則具有數學之美。」

此外，英國數學家、偉大的理論物理學家保羅‧狄拉克在《科學美國人》雜誌上寫道，Something Great 是「一位非常傑出的數學家，參與了宇宙的創造」，「並運用了高等數學」。

宇宙間秩序井然的法則具有磅礡之美，確實是宇宙的創造者，「偉大卓越事物」，賦予了宇宙的法則及其奇妙的秩序。

正如 1927 年獲得諾貝爾獎的美國科學家阿瑟‧霍利‧康普頓所說：「宇宙的有序膨脹是基於『起初上帝創造了天地』」《創世紀》證明了最嚴肅話的真實性：（第一章第一節），宇宙的背後有一個實體，它是宇宙的設計者、創造者和維護者。對基本電荷和宇宙射線研究做出貢獻的諾貝爾物理學獎得主羅伯特‧A‧密立根在 1948 年美國物理學會會議上自信地宣稱，宇宙背後有一個超越的存在，稱他為「偉大的建設者」，他還說，「純粹的唯物主義是我最難思考的事情。」德國偉大的科學家馬克斯‧普朗克也說過這句話。「如果不假設存在一個至高無上的智慧創造者，就不可能解釋宇宙的起源。」

頂級科學家中相信偉大的事情真不少，此外，如今相信造物主的科學家比例不但沒有減少，反而增加，相信造物主存在的人越來越少根據二戰前在美國進行的一項調查結果，相信造物主存在的科學家比例最近從 35% 增加到 60%。MRI（磁振造影）設備，現在各大醫院都很常見，這是一項革命性的技術，能夠清晰地顯示人體內部的詳細圖像，這是在不進行手術的情況下用 X 射線無法看到的。曾經患有內臟器官疾病，一定要將自己的身體放入大型核磁共振機器上檢查，MRI 的發明者

Raymond V. Damadian 博士也是一位熱心的神創論者，相信宇宙的創造者。

擁有豐富科學知識的人不可能相信宇宙的創造者或上帝的想法至少是荒謬的，事實上，在許多情況下，科學知識的增加實際上幫助人們相信了宇宙的創造者。

三、演化是不可能的科學依據

1. 生命從來都不是自然發生的

「偉大卓越事物」創造宇宙萬物的過程中，「生命」是最神奇的。生命起源於哪裡？沒有生命的地方能誕生生命嗎？只要滿足了生物生存的條件，生命是否會因某種巧合而出現？

直到 19 世紀，許多人都接受「自然生成理論」，該理論認為生命是從無生命物質中自然產生的，當時的人們經常引用這樣一個事實：「一灘雨水中出現了數十億微生物。」這些微生物可能是自然產生的。

當時還引用了這樣一個事實：「蛆蟲很容易感染腐爛的屍體。」人們相信生命是從無生命的物體中自然產生的。

這些邏輯也被用來證明演化論的合理性。

然而，1864 年，法國著名細菌學家路易斯·巴斯德透過實驗證明了這個想法是錯的。換句話說，顯示完全滅菌的食品不存在生物生長的可能性，也沒有細菌從外部進入。「自然發生理論永遠無法從這個實驗造成的致命打擊中恢復過來。」今天仍然如此。事實上，醫生在手術期

間消毒手術器械，這是因為生命永遠不可能從非生命物質中自發性地產生。然而，當生命自發發生理論崩潰時，演化論者提倡另一種類型的自發性發生理論。他們「很長一段時間」都抱持著希望。

即使無生命物體在幾年甚至幾十年內不會自發產生生命，人們也有一種模糊的「信念」，認為生命可能在數億年之內出現，並提出了一種新的「自然生成理論」。然而，隨著最近分子生物學研究的進展，對細胞及其組成物質有了更多的了解。因此，很明顯即使經過數億年，生命也無法從非生命物質中產生。

眾所周知，胺基酸是細胞的組成分，可以在自然界中正常形成，然而，氨基酸和單一細胞之間的複雜性差異大約與一粒沙子和摩天大樓之間的差異相同，即使是單一細胞，作為生命的最小單位，也需要難以想像的組合才能形成。生命不能自發地從非生命物質產生，生命只是源於生命。「偉大卓越事物」是生命的根源。

2. 米勒——尤里實驗並不能證明進化論

進化論者關於生命自發產生的一個著名實驗是米勒 - 尤里實驗（Miller-Urey experiment），進化論教科書中仍有，但這是否證明了生命的自發性產生呢？ 1953 年米勒在這個實驗中，將水、甲烷氣體和氨放入玻璃燒瓶中，並對簡單的氣體混合物施加火花放電，然後冷卻混合物並收集所得產物，證實僅一周內就產生了氨基酸。胺基酸是生命的基本組成部分，這給了進化論者生命可能自然產生的一線希望。

然而，研究表明，米勒 - 尤里的實驗中產生的氨基酸與構成生命的

氨基酸不同。胺基酸在光學上分為左旋氨基酸和右旋氨基酸，只有當氨基酸是左旋氨基酸時，生命的出現才有可能，即使有少量的右旋型分子混合在其中，它會變成一種結構不同、無法代謝的蛋白質。

事實上，米勒 - 尤里實驗中產生的胺基酸是左旋胺基酸和右旋胺基酸的混合物，這些胺基酸被稱為「外消旋體」，此實驗後來重複了很多次，但總是產生外消旋氨基酸。生命不能由外消旋氨基酸產生，科學家表示它不可能是一種生命形成蛋白質。

也有人指出，米勒在燒瓶中創造的氣體混合物的條件與原始大氣的條件相差甚遠。關於這個實驗也被指出了許多其他問題，現在人們認為這個實驗與生命的誕生無關。

米勒 - 尤里實驗非但無法證明生命自發產生的可能性，反而強化了神創論者認為生命自發產生是不可能的想法，生命的自發產生在任何方面都是不可能的。英國著名天文學家弗雷德·霍伊爾說：「進化的機率與由於龍捲風剛襲擊廢品場而偶然創造出一架波音 747 的概率相同。不

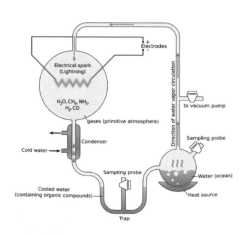

可能是偶然誕生的」，所以進化論者相信概率為零的事情總會發生的。

3. 演化不可能的科學例：放屁蟲

　　用昆蟲的例子來解釋將演化應用在生命世界是不可能的。有一種昆蟲叫放屁蟲（Pheropsophus jessoensis Morawitz），是約 500 種甲蟲的統稱，屬於鞘翅目（Coleoptera）、步甲科（Carabidae）和步甲科（Carabidae），這種昆蟲廣泛分佈於世界各地溫帶地區。

　　雖然體型只有 3 到 4 公分左右，有個共同的特點，就是在受到威脅時可以從腹部末端「噗」的一聲噴出一股刺激性 100°C 的熱氣體，這也是其名稱的來源，這種昆蟲可以說是昆蟲界的「毒氣忍者」這是一種有刺痛感和刺激性的熱氣體，所以俗稱投彈甲蟲（bombardier beetle）。放屁蟲體內兩種液體混合在一起並在體內反應時就會產生這種氣體，甲蟲屁股上裝有一個強大的氣體注射器，噴出這種有毒氣體來趕走敵人。

　　放屁蟲的身體配備有兩套氣體注射器官，即內部容器，包含兩種化學物質，一種叫做對苯二酚（氫醌，hydroquinone），另一是過氧化氫（hydrogen peroxide）。

　　如果將兩者混合，過氧化氫會氧化對苯二酚，所得混合物變成棕色，然而，甲蟲體內有一種特殊的抑制劑，可以防止對苯二酚的氧化，保持體液清澈。

　　當放屁蟲感覺到敵人接近時，液體會立即被壓入屁股的兩個噴射管中。在管內，將兩種酵素注入混合到溶液中，酵素迅速將液體轉化為刺激性、刺痛的化學物質，下一刻，刺激性物質就會從注射管中猛烈地射

向敵人。

　　將對苯二酚轉化為興奮劑的兩種酵素是過氧化氫酶（catalase）和過氧化物酶（peroxidase），是生物催化劑。催化劑是一種在化學反應過程中本身不會發生化學變化，而是與其他物質協同作用以加快或減慢反應速率的物質。所有生物，從細菌到人類，體內都有這些催化劑，由蛋白質組成，稱為酶。過氧化氫酶是甲蟲在注射管中產生的一種酶，可立即分解過氧化氫並將其分解為水和氧氣。

　　另一種酶，過氧化物酶，會立即將對苯二酚與氧結合，將其轉化為另一種化學物質醌（Quinone），這是一種會造成刺痛的腐蝕性刺激物。

　　醌會造成劇烈疼痛，如果接觸到舌頭、眼睛或皮膚，甚至會產生危險。產生醌的反應在甲蟲屁股的注射管中瞬間發生，在注射管中被加熱到攝氏 100 度的溫度，並施加極高的壓力，強制注射液體和氣體。

　　注射管末端有一個塞子，幾乎可以聽到它打開的聲音，這種氣體噴射器可以在幾分鐘內噴射 15 至 20 次，更重要的是，可以 360 度旋轉，所以一旦瞄準，就永遠不會出錯。

　　如果所有事情不能同時結合在一起，那是沒有作用的。

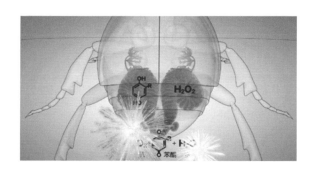

　　(1) 這種噴射裝置極為複雜、精密、精密，首先，盛放兩種特殊物質的內部容器必須是不可被物質腐蝕的。

　　(2) 為了防止兩種物質在體內發生反應，需要抑制劑來抑制反應，這種抑制劑是一種蛋白質，因此是一種複雜的大分子。

　　(3) 需正常運作的注射管，注射管釋放兩種類型的酶，引起化學反應，立即產生刺激性物質醌，還必須能夠承受在高壓下加熱至 100 度的腐蝕性刺激物，這是類似火箭燃料原理。

　　(4) 必須精確控制注射管尖端旋塞閥的開啟和關閉。

　　(5) 需要肌肉和神經系統來精確地瞄準注射管，如果沒有所有這些物品，防禦性氣體注射器就不可能實現。

那麼甲蟲是如何獲得如此複雜的器官的呢？

　　進化論者說，甲蟲是從像甲蟲這樣的昆蟲進化而來的，這種複雜的器官最終是透過數千個被稱為「突變」的遺傳錯誤累積而出現的。

　　另一方面，神創論者認為這些複雜的器官是由一個偉大實體的智慧和力量所創造的，這是因為幾乎不可能想像這些器官是偶然逐漸進化並

完善其形態和功能的。若如進化論者所說，假設一種古老的甲蟲物種發生了基因突變，導致其體內含有氫醌和過氧化氫。

但如果是這樣的話，這兩種化學物質就會在甲蟲體內反應，產生一種腐蝕性刺激物，吞噬並摧毀甲蟲的身體。

為了防止這種情況發生，體內必須同時產生特殊的抑制物質來抑制化學反應，假設甲蟲的基因發生了另一種突變，並且偶然產生了抑制該突變的複雜蛋白質，但仍需要容器來儲存化學品。那麼，如果甲蟲的基因發生另一種突變，並且偶然在其體內進化並形成一個儲存容器呢？

然而，注射器仍然無法使用。那是因為需要一個噴霧管及兩種酶，並在噴射管中立即發生化學反應，產生刺激物。即使所有器官都是進化過程中偶然產生的，注射器也不能演化來，這是因為需要肌肉和神經系統來準確、即時控制。

還有其他配合的東西，所有這些東西必須同時組合在一起，如果所有這些都沒有到位，而且都沒有 100% 完美地發揮，那就根本沒有用。

如果其中一個稍有缺陷，例如注射管無法很好地控制腐蝕性有害物質，不但不能射向敵人，放屁蟲本身也會被炸飛。

因此，根本不可能想像放屁蟲的噴射物經過數百萬年逐漸進化而完善其形式和功能，進化論的想法是多麼的可笑。生物體一出生就擁有了所需要的一切，否則無法生存，因此，放屁蟲的注射器並不是透過進化而出現的，而是由一個偉大實體的智慧和力量設計和創造出來的，並以完整的狀態一下子賜給所有人。這不僅是甲蟲注射器的問題。所有生物

的所有器官都是由偉大之物的智慧和力量創造的，人類的手腳、眼睛、耳朵、心、肝、腦，都歸功於此種設計與創作。

4. 進化論者「間斷平衡理論」的失敗

進化論者中也有人主張用「間斷平衡論」來取代傳統的「漸進進化論」。

漸進進化論認為，無限數量的緩慢、微小的進化是累積的，這可以比喻為緩慢爬上一座小山。另一方面，間斷平衡理論認為，過去偶爾會發生快速而大規模的演化，而演化是一步一步進行的。這可以比喻為爬樓梯。

相信間斷平衡的進化論者認為，「進化發生得如此之快，以至於沒有中間化石（過渡類型）被留下。」換句話說，間斷平衡理論承認一個「物種」和另一個「物種」之間不存在中間物種化石，並且仍然試圖提倡進化論，放屁蟲的例子中，一種像甲蟲一樣的蟲突然配備了推進劑並轉變為放屁蟲。

然而，這種由「巧合」驅動的戲劇性演變是不可能的，一種生物體之間的差異，不僅是甲蟲，甚至那些看似密切相關的生物體之間的差異不僅存在於形態上，還存在於細胞和染色體層面，在遺傳層面上也存在許多差異 。如此大量的變化突然發生，出現了一種完全不同的生命形式，很難讓人接受，除非相信某種非常神秘的力量。

間斷均衡理論只是一個幻想，並沒有證據，當演化論者意識到漸進進化論並不理想時就引入了間斷平衡理論來取代，擺脫這僵局的唯一方

法就是放棄進化論。在每種生物「被創造」的時候，每種生物都是「根據其類型」被創造的，例如人變成了人，猴子變成了猴子，狗變成了狗，人類從來不是從猴子演化而來的；猴子從一開始就是猴子，人類從一開始就是人類。

例如，進化論者強調黑猩猩的 DNA 與人類大約 98.5% 相同，並認為黑猩猩已經「幾乎是人類」，差異只有 1.5%，漸進進化論認為，這僅僅 1.5% 的變化發生在數百萬年的時間，而間斷平衡理論則認為，這種變化在某個時刻同時發生。

但現實中，即使是 1.5%，仍然是一個巨大的遺傳資訊量，相當於幾十本百科全書的資訊量。此外，其中一些基因對於確定生物體的基本要素很重要。例如，某些基因使人類能夠在聽汽車收音機時閱讀或哼唱歌曲，對於黑猩猩來說，這也導致了生命形式的產生，例如從一棵樹跳到另一棵樹以及吃樹上的白蟻。

此外，人類基因的序列與黑猩猩的基因序列有很大差異，甚至有五對染色體的方向相反。

此外，DNA 包含在細胞內的染色體內，人類有 46 條染色體，黑猩猩有 48 條，狗有 78 條，貓有 38 條。從數量上看，黑猩猩和狗的染色體比人類多。不僅在數量上，而且在染色體和 DNA 的形成方式上也存在許多差異，這樣看來，人類和猴子之間存在著很大的差距和本質的差異，人類從一開始就被創造為人類，而猴子從一開始就被創造為猴子，「各從其類」。

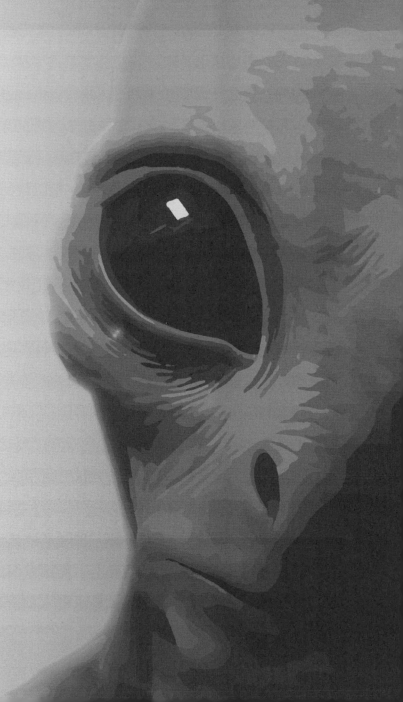

第 7 章

外星人控制深層政府散布病毒

一、秘密結社光明會

　　光明會（Illuminati）即德國巴伐利亞光明會，這是一個秘密結社，該社是耶穌會修道士，巴伐利亞英戈爾市大學（Universität Ingolstadt）教授約翰‧亞當‧韋斯豪普特（Adam Weishaupt）於 1776 年創立，在德國南部和奧地利流行起來，尤其在巴伐利亞迅速發展，「光明會」一詞源自拉丁語，意為墮落天使撒旦路西法，意思是「舉起光明的人」，然而，由於其無政府主義傾向，1785 年被巴伐利亞政府禁止。

　　創立隔年 5 月 1 日，完美主義修會更名為巴伐利亞啟蒙協會（die Bayerischen Illuminaten），並重生為類似共濟會的三級組織。這個學位是基於韋斯豪普特的共濟會思想，但沒有吸引力，會員也沒有增加。

　　最初，光明會是一個秘密學生組織，是韋斯豪普特從自己的學生中精心挑選的一群有限的弟子，韋斯豪普特反對耶穌會大學教育，並希望學生學習所有被國家和教會排除的科目，並培養在光明會中批評政治和社會的能力。

　　光明會逐漸將其招募工作從因哥斯塔特大學擴大到各地，甚至及於慕尼黑。此外，透過加入共濟會，他們採取策略來加強自己的組織，並開發了一套複雜的等級系統（位階結構），並根據儀式使用了各種術語。

　　光明會受到啟蒙思想的影響，並尋求傳播自由思想和理性宗教作為基督教的替代品，在意識形態上，光明會以法國唯物主義激進啟蒙運動為基礎，在受到耶穌會的攻擊並轉入地下後，與畢達哥拉斯主義

（pythagorean order）等古老的神秘事物聯繫在一起。創辦人深受吉恩 - 雅克‧盧梭（Jean-Jacques Rousseau）和丹尼斯‧狄德羅（Denis Diderot）思想的影響，崇尚自由和平等高於一切。而由於人人都有成為「國王」的潛力，不再需要教宗、國王、君主為最高的封建制度，群眾的精神性就會得到極大的提高，平等就會受到重視。想法是復興烏托邦社會。

光明會追求植根於理性和基督教對鄰居的愛的烏托邦意識形態，並尋求在世界公民共和國內利用理性重建自由平等的人類的自然狀態。與共濟會這種強調儀式的深奧團體不同，光明會也可以被歸類為政治秘密社團，因為他們有意識形態和政治目標。

光明會也蔚內部制度進行改革，例如，成員以希臘和羅馬歷史人物的名字命名，用俚語將巴伐利亞稱為希臘語。此外，每一等級都使用特殊的代碼、獨特的手勢和手勢進行交流，以實現相互識別，某種理由使他們使用波斯曆。

光明會從 1780 年代初開始在德國和奧地利掀起巨大的熱潮，迅速擴大其影響力，在其鼎盛時期活動範圍很廣，從華沙到巴黎，從義大利到丹麥。儘管光明會沒有很多獨立的分會，但德國南部和奧地利的大部分共濟會分會都接受了韋斯豪普特和光明會的思想，並自願採用他們的儀式，因此光明會毫不費力地擴大了影響力，一舉成功，大多數成員都是普通共濟會分會的同情者，有政府官員、教授和教區神父，還有少數商人和小資產階級。

由於政治家盛行的陰謀歷史觀，巴伐利亞政府對這個在有閒階級中爆炸式流行的秘密社團感到了危機感 1784 年 6 月 22 日頒布法令禁止秘密結社舉行會議，這是因為耶穌會、羅馬天主教會和金薔薇十字會正在宣揚光明會的危險。

1785 年光明會被命令解散，這是一個毀滅性的打擊，成員被監禁，開除公職，資產被沒收，涉事者的住宅也被搜查，創始人逃到哥達，結果，光明會實體消失了，但這是一場短暫的運動，僅持續了九年。

在 19 世紀末至 20 世紀初的德國，曾發生過光明會復興運動。

儘管歷史文獻中沒有記載 1785 年後的進一步活動，但光明會在解散後的幾個世紀裡仍然在陰謀論中佔有重要地位。

貴族和神職人員對光明會崩潰後爆發的法國大革命感到沮喪，他們的領導者是反共濟會陰謀論者巴魯爾神父，他聲稱光明會和共濟會是煽動群眾革命的幕後黑手。光明會被視為革命的策劃者，還被指控從事顛

覆活動、褻瀆神靈、亂交和餵養嬰兒。

　　內斯塔・海倫・韋伯斯特（Nesta Helen Webster）作品以現代形式再現了光明會在世界歷史幕後工作的形象，即「光明會密謀統治世界」，但陰謀論者也以此為基礎，一本又一本的「陰謀書」警告和譴責光明會，這是陰謀史的主要內容，烙印在政客和群眾無意識頭腦中的「光明會陰謀」原型正在跨越時空產生影響，甚至在光明會本身已經消失的現代社會也是如此。

　　然而，在光明會崩潰後發生的法國大革命期間，反共濟會使他成為法國大革命的幕後策劃者。這一事件引發了共濟會陰謀論，該理論向公眾傳播光明會是一個在世界歷史幕後運作的組織。

　　也許與它在短時間內活躍的事實有關，因為它是一個充滿許多謎團的秘密社團，不斷引起人們的興趣。因為光明會活躍的時間很短，而且正處於法國大革命後的動亂時期，所以被稱為法國大革命的幕後黑手，一個在黑暗中操縱世界的組織。

　　光明會的最高級成員是路西法（撒旦），這就是為什麼他們被認為是崇拜魔鬼的組織光明會創建的目的是「一個世界政府」，光明會是一個規模龐大的組織，鼎盛時期擁有2000多名成員，由文學、教育、藝術、科學、金融、工業六大領域最頂尖的人才組成。

　　今天，光明會被稱為一個秘密社團，但在當時，它的存在被隱藏起來，訊息只提供給有限的人。說到光明會，有一種東西叫做光明會卡，這是指 Steve Jackson Games 於 1982 年發行的一款紙牌遊戲，遊戲的玩

法是，每個玩家與其他玩家競爭，將小組織（卡牌）合併到自己的主導組織（自己的畫面堆）中，如果控制了一定數量，就獲勝。這款遊戲的卡牌上的插圖預言了以後時代會發生的重要事件。

光明會卡牌預言的事件如下：

光明會卡片「恐怖分子核武」的插圖是一座看起來與被摧毀的世貿中心一模一樣的建築，事實上，這張照片讓人想起那場可怕而令人震驚的事件，然而，這張牌是在實際事件發生之前抽出的，為此，開始有人說這張牌可能預言了 9 月 11 日美國的恐怖攻擊，也有人說「五角大廈」這張牌預示著五角大廈（美國國防部的主要建築）的毀滅。

光明會卡片「潮汐波」的插圖描繪了一個被巨大海嘯淹沒的沿海城鎮，這幅插圖代表了因大地震而襲擊日本東部海岸的大規模海嘯，「核子事故」這張卡片描繪了一場核電廠被毀的事故，數字 3 和 11 似乎隱藏在這些卡片上。

美國遭遇恐怖攻擊後，伊拉克戰爭爆發，光明會卡片實際上有一張名為「薩達姆・侯賽因」的卡片，背景中有一輛坦克，這導致人們說光明會卡牌可能預測了這場戰爭。

川普總統就職典禮有一張光明會卡片叫做「夠了」，意思是「我受夠了」，由於卡片上描繪的男子與川普總統相似，因此有人說這是對川普將就任總統的預測。光明會的牌想像出「第三次世界大戰」、「核戰」等極其可怕的事情，但也有人說「光明會的牌只是一場紙牌遊戲、一場遊戲、一場鬧劇」，然而，另一方面，也有人認為「這是光明會陰謀論」，

儘管這是事實，但仍覺得「可怕」。

可以肯定地說的一件事是，光明會卡牌是在這些事件發生之前創建的。光明會這個至今仍存在著各種謎團的秘密社團，歷史上確實存在過，但成立十年後，就因政權的壓製而被迫解散，也許這就是它成為傳奇的原因，最初是教授和學生之間的私人圈子，然而，它已被稱為魔鬼崇拜和危險的意識形態。

還有一種說法是，解散後，他潛入了共濟會秘密社團，事實上，共濟會是一個至今仍存在的組織，但其活動細節並沒有公開，或許會引發人們的想像，由於謎團較多，陰謀論也較為突出。

二、深層政府

深層政府（Deep State, DS）、又譯為深國、深國論、深層集團、暗黑帝國、國中之國、陰森國度、暗勢力，指非經民選，由政府官僚、公務員、軍事工業複合體、金融業、財團、情報機構所組成的，為保護其既得利益，幕後真正並實際控制國家的集團，語源來自土耳其語「Derin devlet」，指鄂圖曼帝國垮台前就存在的秘密政治社團；後來被陰謀論者引用，指的是國家中的國家、政府中的政府。早期研究者以影子政府形容，有時是「新世界秩序」的同義詞。

近年深層政府在美國已成為政治學術語，意指在美國聯邦政府背後真正的掌權機構深層政府或地下政府是由美國聯邦政府、金融機構和工業界官員運作的秘密網絡。美國作為一個隱性政府運作，與美國合法民

選政府一起或在其內部行使權力。這也是一個與「影子政府」和「國中之國」重疊的概念。一般來說，這種「深層國家」存在的說法被認為是一種陰謀論，以及可能存在深層國家的說法已被一些學者和學者否認，但 2017 年和 2018 年進行的民意調查顯示，大約一半的美國人相信深層政府的存在，第 45 任總統唐納德・川普及其政府的多位高級官員在任職期間多次提及所謂的「深層政府」，公開聲稱該實體正在破壞川普及其計畫。

根據 2017 年 4 月對美國人進行的一項民意調查，大約一半（48％）的人認為存在陰謀論，大約三分之一（35％）的人認為這是陰謀論，其餘的人（17％）沒有特別的意見，在那些相信「深層政府」存在的人中，超過一半（58％）表示這是一個「大問題」。

2018 年 3 月的一項民意調查發現，大多數受訪者（63％）不知道「深層政府」一詞，但他們不知道美國存在深層政府。

四分之三（74％）的受訪者表示，他們認為聯邦政府中可能（47％）或肯定（27％）存在此類群體。

2019 年 10 月，《經濟學人》和 YouGov 對受訪者進行了民意調查，但沒有具體說明對「深層政府」的定義，結果發現 70％ 的共和黨人、38％ 的獨立人士和 13％ 的民主黨人同意「深層政府正在試圖推翻川普」。

雖然特定國家深層政府的組成有所不同，但或多或少集中在前美國總統德懷特・艾森豪提出的術語「軍事工業複合體」當中，而且情報機

構對其運作至關重要。

　　牛津大學將深層政府定義為「政府機構、軍方、金融家或銀行家中有影響力的一群人」，它們的確存在，秘密操縱或控制政府的國內外政策，深層政府就像暗網一樣。

　　需要特殊授權才能進入瀏覽，它們由以下組成：

　　1. 國家主要的情報機構

　　2. 資深的政治人物，是隱藏的決策者，他們透過各種手段和決策逃避商業媒體的審查，並且許多政治人物也受到他們的監管。

　　3. 政府內部的一些高級或長期非民選官員（如高層公務員）。

　　4. 有權控制主要商業、軍事或犯罪集團的個人，如國防工業、反恐工業、國家金融部門、企業媒體。

　　美國前共和黨議員助理麥可・洛夫格倫在 2014 年出版了著作《深層政府：憲法的隕落及影子政府的崛起》，他將深層政府定義為「一個混合政府部門、金融巨頭和工業巨頭的集團，它是國家安全和執法機構的混合體：美國國務院、美國國防部、美國國家安全局、中央情報局、聯邦調查局、美國司法部和美國財政部等，其中美國財政部負責資金的流動，以執行國際制裁及其與華爾街的管轄權，即使是司法機構的一部份，即美國外國情報監控法院，也均屬於深層政府。國家安全局和中央情報局的運作不能沒有矽谷支援，它已與國家安全局監測活動建立了實質上的夥伴關係，並由外國情報監控法命令推動，它們能夠有效的控管

美國，而無需經過民主，也無須透過正式的政治程序。深層政府是最可見的陰謀，是憲政主義的失敗，以及社團主義與全球反恐戰爭的交織」，並表示這個影子政府是以稅收為基礎，不受《美國憲法》制約，也不受白宮的影響，逍遙法外。

有學者認為土耳其有自己的深層政府（被認為是反對埃爾多安政府的世俗主義官僚及軍方），使用公然的犯罪行為保持金錢的流動，相比之下，美國的深層政府依賴於銀行家、遊說集團和國防承包商之間的共生關係。

約翰‧史密斯（美國前情報官員的化名）在「美國思想家」撰文表示：「影子戰爭正在進行中，我們不能低估權力菁英們在我們機構中滲透的嚴重程度。這場影子戰爭最重要的成員就是美國國防部。PJ 媒體的執行長羅傑‧西蒙表示：「深層政府是否有涉及暴力事件？或是扶植恐怖組織的行動？很難說，我不想搞成陰謀論。

然而，深層政府是個八爪章魚，其觸角遍布各地。最可能的情況是，深層政府將動員其強大的資源來挫敗川普，以維護自己的利益。」

在 1956 年的《權力菁英》一書中，美國社會學家賴特‧米爾斯概述了權力的起源及其在美國的發展。米爾斯的結論是，在 1920 年代時，美國的權力便已經集中在三個主要部門：軍事工業複合體、華爾街和五角大廈。前美國總統德懷特‧艾森豪提出軍事工業複合體這個術語之後，也曾說深層政府隱藏在明顯的視線，其複雜度遠遠超出軍事工業複合體，米爾斯認為它對美國政治和政府政策的確存在著影響力。

聖克勞德州立大學政治系副教授傑森‧羅伊斯‧林賽在《隱蔽政府》一書中表示，即使事實上沒有一個陰謀議程的存在，深層政府一詞對於了解已開發國家國家安全機構的各方面也是有用的，尤其是針對美國，林賽寫道，深層政府從國家安全和情報界獲得權力，在這個領域中，保密就是權力之源。

三、一元美鈔的奧秘——外星人掌控共濟會及美國

1931 年，大蕭條剛結束後，美國羅斯福總統對一元美鈔採用了特殊設計，以鼓勵遭受經濟蕭條的人民。

1. 一元美鈔圖案

正面的肖像是第一任總統喬治華盛頓。

背面右側為國鳥白頭海鵰（Bald eagle），有 13 片葉子和果實，以及 13 支箭。

13 顆星星在頭頂閃耀。緞帶上寫的字母〈E Pluribus Unum〉「Out of many, one」也是 13 個，代表美國立國時的 13 個州，胸前的 13 條豎

紋也有同樣的意義。

　　背面左側金字塔頂部畫的「眼睛」，就是能看穿真相的「第三隻眼」，也稱為「天命之眼」，即普羅維登斯（Eye of Providence），《法國人權宣言》等石碑上也有。

　　未完成的金字塔有 13 個階梯。上面寫的拉丁文 ANNUIT COEPTIS 翻譯為「上帝指導我們的努力」，指的是建國時提出的「神聖天意」的例子。也有 13 封信，其含義是「美國的財富金字塔尚未完成，讓我們在上帝的保護下取得成功。」

　　美元背面的眼睛和金字塔使用了美國國璽。，

　　此外，銘文「NOVUS ORDO SECLORUM」 象徵著 1776 年美國新時代的開始。

　　這就是大名鼎鼎的共濟會符號——獨眼金字塔。上面一行拉丁文的意思是：天佑基業；下面一行拉丁文的意思是：世界新秩序。

2. 共濟會，光明會與一元美鈔

　　共濟會（Freemasonry）是秘密結社一，原是蘇格蘭石匠協會，後精

英分子占了主流，像伏爾泰、喬治四世、喬治六世、愛德華七世、愛德華八世等都是共濟會成員，共濟會保持原先石匠們使用的一系列手勢和暗語。隨著共濟會的規模越來越大，開始擴展向世界各地如法國、美國、俄羅斯、德國、義大利、中國等世界各地。在美國《獨立宣言》的56位簽署者中至少有8位是共濟會成員，除喬治·華盛頓之外，還包括至少14位美國總統都是共濟會成員，而清朝時向中國販售鴉片的東印度公司就直接隸屬於英國的共濟會。

　　共濟會共有五個重要的標誌：一是「規矩」圖標；二是獨眼神和金字塔；三是六芒星（又叫大衛星，猶太星）；四是對稱雙柱（所羅門神殿石柱）；五是棋盤格（共濟會神殿）地板。

　　共濟會的會徽是「規矩」標識：上面一支圓規，下面一支拐尺，中間加了一個字母 G「規矩」表示哲學觀──天圓地方，「圓規」象徵天是圓的，「拐尺」象徵大地是方的，這個與中國古代的哲學觀是一致的。

此外，以規矩為標誌，也有遵守法度的涵義，關於標記中的「G」字，有三種解釋：一是代表共濟會信仰的上神，英文 GOD 的第一個字母；二是紀念美國開國總統喬治‧華盛頓，是「George」的縮寫；三是象徵一條自己咬自己尾巴的環形蛇，是時間之神的象徵。

「獨眼金字塔」是共濟會最常見的符號。共濟會崇拜金字塔，把金字塔看作通天塔，象徵共濟會要實現的偉大事業和目標——「世界新秩序」；半截金字塔，表示他們的事業還未實現。塔頂三角形之間鑲嵌的「獨眼」是天命之眼，即普羅維登斯或荷魯斯之眼，也叫「上帝之眼」，代表共濟會的上帝，上下兩行拉丁文分別是：天佑基業和世界新秩序。

捲起一張一美元的鈔票時，背面右側國鳥白頭海鵰位置「外星人」的臉就會出現，事實上光明會及共濟會是爬蟲類外星人所掌控，也是世界的真正統治者。

經常被提及的世界統治者的名字是控制全球金融的「羅斯柴爾德家族」（Rothschild family）」和「洛克菲勒家族（ Rockefeller family ）」，以及他們背後的「光明會」和「共濟會」等秘密社團，前者控制全球的金融，後者是一個 美國 的工業、政治、石油業和銀行業的家庭，然而，鮮為人知的是，幕後可能還有另一位統治者，甚至是真正的統治者。

眾所周知，美元鈔票上隱藏著「天命之眼」和「白頭海鵰」，兩者都是與秘密社團「共濟會」和「光明會」有關的圖像，正因為如此，一段時間以來，一直有傳言說美國被這些秘密結社在幕後控制。

一美元鈔票裡隱藏著各種不同的陰謀。除了象徵性的金字塔和普羅

維登斯之眼之外，如果沿著金字塔畫一顆六角星，每個頂點所指向的字母就會變成「MASON」。

　　外星人一直在鈔票裡隱藏秘密訊息，外星人霸主是否在控制美國社會？答案是肯定的，這意味著外星人已經滲透到美國政府，這表明他們擁有永久的控制權。

3. 光明會＝爬蟲類？

　　那麼，那個外星人到底是誰？要得出答案並不是那麼困難，線索是一美元鈔票上描繪的白頭海鵰貓頭鷹是光明會的象徵。

　　光明會的高層是偽裝成人類的爬行動物，這一點是有證據的，有許多記錄在案的時刻，世界各地的有權勢的人，包括英國女王伊莉莎白二世和美國總統川普，都曾短暫地從人類形態恢復到原來的爬蟲類形態。

　　換句話說，1美元鈔票上描繪的外星人很可能是爬行動物，從歷史中得知，爬蟲類，爬蟲類人形，自古以來就以神靈的身份統治著全世界的人類，這可能就是他們仍然處於統治階級的原因，現在世界被一個叫

做光明會的秘密社團統治著 ...

　　人們生活在這個由洛克斐勒家族、羅斯柴爾德家族等菁英控制的世界，卻渾然不知。他們控制和操縱我們生存所需的幾乎一切：銀行、資源、食物等。世界的蕭條和戰爭都是由他們的操縱造成的。

　　如果光明會的目標是建立一個由美國第一任總統喬治華盛頓成立的完全受控制的社會，那世界將就像地獄般的景象。

　　我們必須認真考慮一個黑暗社會的現實，這個社會在幕後擁有強大的力量，例如光明會和邪惡的外星人（即美國在 MJ12 簽訂秘密協議的人）。

　　Facebook 是一個大規模洗腦工具，而 Facebook 的某個創辦人其實是洛克斐勒家族的成員，一切都是相連的。

　　Facebook 的標誌是一個藍色方塊內的字母「f」，此一字母的位置偏離了中心，而且是用小寫的，這一事實可能有很多人不知道的含義。神秘的 Facebook 標誌和公司本身可能是在向共濟會致敬。

　　我們來看看 Google 電子郵件服務「Gmail」的圖示。這也是一個信封形狀的簡單設計，但設計強烈暗示與共濟會的聯繫。

　　另一方面，Google 服務之一的「Google Play」的圖示中隱藏著魔鬼崇拜的符號？看起來這個設計只是一個播放按鈕圖案，但如果仔細觀察它，你會發現它看起來和「路西法印記」一模一樣。

　　路西法印記是 16 世紀義大利魔法書真正奧義書（Grimorium Verum）中引入的符號，這是魔法書的一種，描述惡魔和靈魂的本質以及如何使用的魔法書，據說可以用來視覺召喚路西法，光明會是共濟會的上層組織，以崇拜墮落天使路西法而聞名。

　　谷歌提供的網頁瀏覽器「Google Chrome」中還隱藏著一個撒旦符號，有一個熟悉的設計，中間畫了一個藍色圓圈，周圍畫了三種顏色，但仔細看看圖示中心的圓圈形成了數字 6 的下部圓形部分，而顏色之間的線形成了數字 6 的上部線條，然後，這個圖示有三個 6，換句話說，數字 666 是隱藏的，這是《啟示錄》中出現的象徵「野獸」的數字，據說是光明會青睞的數字。

　　聖經提到有一隻七頭十角的野獸從海裡上來，這隻野獸的名字是個數字──666。（啟示錄 13：1，17，18）這隻野獸象徵全球的政治制

度，統治著「每一部族、民族、語言、國族的人」。（啟示錄 13：7），666 這個名字顯示，在上帝眼中，全球的政治制度都是徹底失敗的。

四、病毒是特意製造的──不可思議預言

1. 科幻小說的科學預言：火星的秘密──格列佛遊記

格列佛遊記（Gulliver's Travels）是愛爾蘭牧師、政治人物與作家喬納森‧史威夫特（Jonathan Swift）以筆名執筆的匿名小說，就是熟知的大小人國歷險記。

史威夫特的《格列佛遊記》預言了火星上存在衛星，發表於 1726 年，比發現衛星早了 151 年。

格列佛到拉普塔（飛鳥國）的國度，當地天文學家告訴他說，火星有兩顆小衛星，與火星距離分別是火星半徑的三倍及五倍，內衛星每 10 小時繞火星直徑的三倍運行，外層衛星每 21 小時 30 分鐘繞火星直徑五倍的距離運行。

而 1877 年科學家發現了火星的兩個衛星，與火星距離分別是火星半徑的 2.8 倍及 6.9 倍，繞火星公轉周期是 7.65 小時及 30.3 小時，兩者差異很小，科幻小說家如何比科學家早一百多年得知這些數據？

史威夫特的預言來自何方？這是基於距離和公轉時間之間關係的假設和預測。科學家無法解釋，看來這個事實可能是某一非地球上高科技生物教的。

但，這的確是一個令人驚訝的近似值，當時唯一已知的衛星是地球的月球和木星的四顆大小相似的大衛星，

史威夫特是如何想像出這種規模的百分之幾的隱形衛星系統的？

可見目前的實證科學存在許多無法解釋的謎，就像病毒來自何方一樣。

2. 預言新冠肺炎病毒

(1) 1981 年小說《黑暗之眼》

　　預言新冠病毒的出現？黑暗之眼小說中的病毒是生化武器，第一次爆發發生在中國湖北省武漢市致命病毒叫「武漢 400」。

　　這是迪恩・孔茨（Dean Koontz）於 1981 年出版的小說《黑暗之眼（The Eyes of Darkness）》，小說中寫到，一個名叫李晨（Li Chen）的中共科學家，攜帶有關「武漢 400」的資料向美國投誠，這種病毒是在武漢市郊的 R，DNA 實驗室製造的，這是該實驗室製造的第四百個人造微生物菌株。在新型冠狀病毒感染正在從中國向世界蔓延的同時，這本小說引起全球媒體的關注，因與新冠病毒感染現在的情況有很多共同之處。

　　小說中的病毒叫做「武漢 400」，是在武漢病毒研究所製造的，然後被帶到美國，在培養病毒時犯了錯誤，導致美國出現大量可疑死亡事

件，死亡率為 100%。但只影響人類，離開人體不能存活超過 1 分鐘。它也被稱為「至高無上的武器」，因為只要被感染，達到殺傷目的後就會自然消失。

小說的關鍵是該病毒最初是在中國湖北省武漢市製造的。現中國也同意武漢是新型冠狀病毒首次被發現的地方，但是，該病毒被確認的地點的詳細仍然未知，但現在有一些關於武漢病毒研究所、華南海鮮批發市場和其他地方的猜測。

武漢病毒研究所是具有 4 級生物安全標準的設施，即病原體風險的最高級別。全球同類實驗室有 54 個，武漢病毒研究所卻是中國唯一的「超級實驗室」。4 級設施也可以研究伊波拉病毒等，2003 年爆發並奪去全球 774 人生命的 SARS（嚴重急性呼吸系統綜合症）僅為 3 級。

自英國《每日郵報》率先報導這一指控以來，謠言不斷，如武漢病毒所員工感染死亡論；華南海鮮批發市場之前外地傳入論；武漢病毒中心外洩等層出不窮。

但中國迅速反駁。他甚至公然譴責這是一個「愚蠢的故事」。反之，香港和俄羅斯人指出，美國才是罪魁禍首，並聲稱新冠病毒是美國製造的攻擊中國和亞洲人的生物武器。綜上所述，除了武漢有一個病毒研究所外，什麼都沒有得到證實，無法確定爆發地點，例如武漢病毒研究所、華南海鮮批發市場或其他地方等。不僅如此，還不清楚是什麼動物是媒介，穿山甲是由於和冠狀病毒只是基於基因組序列 99% 相同的理論才被列為「最具影響力」的動物，蝙蝠→穿山甲（水貂、

獾、竹鼠、蛇）→人類只是推測的傳染途徑而已。

　　而且，武漢病毒研究所並不是小說中描述的製造生化武器的地方，武漢病毒研究所成立於 1956 年，從事健康、疾病和農業方面的研究。病毒的死亡率和外部生存能力也存在差異，在小說中被描述為一種一旦感染就會致命的病毒，離開人體一分鐘也無法存活。

　　就新冠病毒而言，即使考慮到數字每天都在變化，死亡率平均約為 2.5%，而比較 10% 的 SARS、19% 的 MERS（中東呼吸綜合症）、42% 的伊波拉出血熱的死亡率，新冠病毒均低於比 3 類病原體。

　　真實的存活率也和小說裡的不一樣。CNN 報導說，像新冠病毒這樣的病毒可以在無生命的表面（包括金屬、玻璃和塑料）上存活 9 天。缺乏疫苗的事實也是如此，新冠病毒感染的死亡率相對較低，很多患者在完全康復後就可以出院了，各國醫務人員正試圖用治療愛滋病的藥物和中草藥來抑制新冠病毒。最先爆發的地區也是小說中的美國，但實際上集中在武漢地區。香港《南華早報》指出，這位小說家的才華純屬巧合，是美國暢銷書作家，被譽為驚悚小說大師，因此此小說家有能力用一些事實和資料來創造這樣一個故事。

　　一位香港出版官員說，「長江以武漢為中心東西流，高鐵從北向南。」事實上，武漢是華中地區重要的政治、經濟、文化和交通樞紐，地處長江及其支流漢江的交匯處，也是水運的理想之地。此小說在冠狀病毒爆發前 40 年就預測了武漢病毒，是巧合？通靈預言？或是早已設計好的深層政府陰謀？

(2) 情報機構預測新冠病毒傳染病

　　儘管 COVID-19 產生負面影響，但美國關注的焦點仍不在疫情防控上，而是指責其他國家調查病毒來源。同時向公眾曝光的是，美國早期出現多起新冠病毒感染病例。最早的病例至少可以追溯到 2019 年 11 月。

　　情報機構早就預測新型冠狀病毒傳染病很可疑。

　　更值得懷疑的是，美國廣播公司、美國有線電視新聞網、《以色列時報》等媒體在 2018 年都曾報導稱中國將爆發傳染病，甚至提到了中國武漢。

　　可見新冠病毒是早就安排好為了達到某些目的製造散布的。

(3) 1990 年新聞的預測

　　30 多年前的 1990 年 5 月 2 日日本岐阜新聞早報第 3

　　頁，標題和文章成為 2021 年社交網站（SNS）上的熱門話題。內容提及「2020 年，一半的人類將患上流行病。」內容彷彿預言了全球爆發的新型冠狀病毒感染。

　　這篇文章似乎是由共同社發布的，並基於世界衛生組織（WHO）

THE TIMES OF ISRAEL

US alerted Israel, NATO to disease outbreak in China in November — TV report

White House was reportedly not interested in the intel, but it was passed onto NATO, IDF; when it reached Israel's Health Ministry, 'nothing was done'

編審的一份預測全球變暖對健康危害的報告，報告稱，全球變暖可能導致瘧疾和其他可能影響世界近一半人口的流行病。此外還首次指出，臭氧層破壞可能會降低人體免疫力。這篇文章撰寫的記者已不可考，可以確定的是：記者不會通靈，散布病毒應是預謀的。

(4) 啟示錄相關預言書

《啟示錄》，天主教稱《若望默示錄》（apocalyps）是《新約聖經》收錄的最後一個作品，寫作時間約在公元 90—95 年。內容主要是對未來的預警，包括對世界末日的預言：接二連三的大災難，並描述最後審

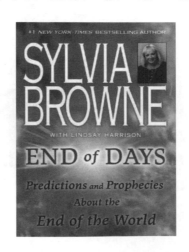

判，重點放在耶穌的再來 2008 年夏天，一位自稱從五歲就注意啟示錄的斯爾維亞・布朗（Sylvia Browne）出版了一本關於不祥預言的書。

　　書主要內容為：「2020 年前後，一種類似肺炎的嚴重疾病將在全球蔓延，攻擊肺部和支氣管，並對所有已知的治療方法產生耐藥性。」而且會突然消失，十年後再次發作，然後完全消失。

　　該預言原本已在大家記憶中淡出，因作者於 2013 年去世。但在冠病毒大流行之後，預言書《世界末日：關於世界末日的預測和預言（End of Days: Predictions and Prophecies About the End of the World）》重新成為人們關注的焦點，在亞馬遜排名中上升到非小說類別的第二名，銷量飆升。正如書中所說，先知所說的新冠狀病毒是「世界末日」的徵兆，已經成為連專家都無法阻止的瘟疫。

　　網絡上流傳著無數類似此書作者預言的世界末日論，將對新冠病毒疫情造成恐懼與政治動盪，這些理論涉及對聖經中「啟示錄」的解釋。由於這本書是在嚴重急性呼吸系統綜合症（SARS）流行之後寫成的，尚不清楚作者的「預測」是否更像是巧合？

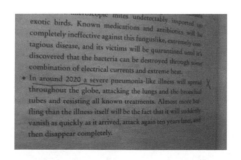

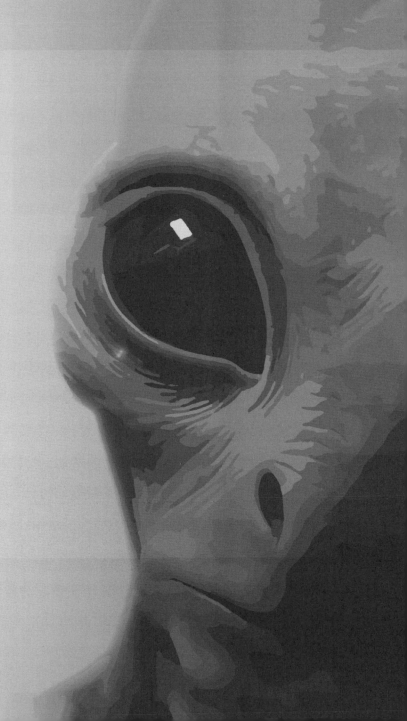

第 8 章
———
冠狀病毒及疫苗大陰謀

病毒是刻意製造散布的，所以消滅不了！

一、疫苗無用論

1. 疫苗無用——佛奇大翻盤

　　安東尼・史蒂芬・佛奇（Anthony Stephen Fauci,1940 年－）是美國免疫學家，曾任美國國家過敏和傳染病研究所所長、白宮冠狀病毒工作組成員及總統首席醫療顧問，參與愛滋病和 H1N1A 型流感以及COVID-19 等傳染病的防治研究。佛奇在 2022 年 12 月辭去國家過敏與傳染病研究院和總統拜登的醫療顧問等職位。

　　自 2020 年 1 月以來，佛奇一直是白宮冠狀病毒特別工作組的主要成員，以應對美國的新型冠狀病毒大流行。作為美國國立衛生研究院（NIH）的醫生，50 多年來以各種身份為公共衛生做出了貢獻。作為美國國立衛生研究院 NIAID 的科學家和主任，曾獲得了羅伯特科赫金獎

（2013 年）和加德納國際衛生獎（2016 年）等，紐約時報曾稱福奇為「美國傳染病領域的權威」。佛奇的言論與措施不僅影響且左右全球各國防疫政策。2022 年 8 月，佛奇宣布要「追求職業生涯的下一階段」，並於 2022 年 12 月 31 日辭去美國國家過敏和傳染病研究所所長和美國首席醫學顧問職務。

　　佛奇是白宮冠狀病毒特別工作組的成員，該工作組於 2020 年 1 月下旬在總統川普的領導下成立，以應對 COVID-19 大流行佛奇在退休前是鼓勵打疫苗的疫苗幫，但退休後卻發表疫苗無用的論文，其中的翻供轉折不僅耐人尋味且值得探討。

(1) 佛奇退休前是疫苗幫

　　2022 年底 WHO，即世界衛生組織宣布新冠病毒疫情為「國際關注的突發公共衛生事件」已滿三年，感染 COVID-19 的人的最終死亡率可能比世界衛生組織（WHO）最初估計的 2% 更接近 1%，比季節性流感的 0.1% 高出約 10 倍。。

　　以下為佛奇意見：

　　感染人數仍然很多，各個國家的病例數、住院人數和死亡人數各不相同，在全球範圍內，但情況比兩三年前要好得多。

　　比如在美國，每天有 80 萬到 90 萬感染者，曾經有一段時間每天有 3000 到 4000 人死亡。

　　目前，美國的感染人數仍然居高不下，但死亡人數已大幅下降至每

天約幾百人。然而，這仍然是一個不可接受的數字，說疫情已經過去了，一切都很好是不恰當的。一兩年前相比，感染人數、住院人數、死亡人數都比較高，雖然好很多了。

簡而言之，仍處於大流行之中，正如佛奇博士意見，現在有了疫苗和治療方法，然而，Covid-19 尚未消失，世界仍需要適應。

需要什麼來緩解當前局勢並防止另一場大流行？

首先，需要做的第一件事是在世界各地，不僅要說服未接種疫苗的人，而且加強接種了最新加強疫苗的人。在美國，只有大約 70% 的總人口接種了疫苗。此外，這些人中只有一半接受了加強劑量。此外，非常不幸的是，只有約 20% 的符合條件的人接種了最新的針對 Omicron 菌株「BA.4 和 BA.5」的二價疫苗，而在老年人中，只有約 40% 的人接種。因此，不僅在美國，而且在全世界，需要做的事情之一就是確保人們接種最新的疫苗。

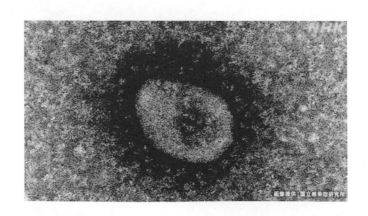

　　因為很明顯，疫苗在預防導致住院和死亡的嚴重疾病方面極為有效。將 Omicron 菌株「XBB.1.5」與之前的變異株進行比較，毫無疑問，免疫逃脫特性更強。換句話說，不僅是疫苗接種產生的抗體，實際感染產生的抗體也点法有效抵禦 XBB.1.5。另一方面，也有一個比較讓人放心的信息，那就是「XBB.1.5」比其他病毒更不容易引起嚴重的疾病，因此，在美國，感染人數與住院人數和死亡人數之間的關係低於 Delta 毒株等。

　　因此，儘管具有逃過免疫系統的特性，但在現階段，也似乎不太可能導致比以前更嚴重的病例，導致住院和死亡人數增加。任何國家都會開始感染這種病毒。感染最終會達到頂峰，然後開始下降。一些國家已經看到了這種趨勢。真正的問題是，下一個將取代「XBB.1.5」的病毒變種是什麼？並且它會比以往的病毒有更強的逃避免疫力的能力，還是會引起更嚴重的症狀？

　　現階段還沒有出現比「XBB.1.5」免疫逃脫能力更強的變異病毒。但是如所預期的，人類已經被新的變異病毒出賣了，所以我們別無選擇，只能密切關注局勢發展。

　　為新的變異病毒做準備只能繼續進行「免疫監測」。換句話說，確認新的變異病毒出現，隨時進行基因組分析，如果有更強的繞過免疫力的能力或引起更嚴重的症狀，必將更新疫苗，使其能夠應對需要新的變異病毒。

　　疫情防控是工作的重要組成部分，要了解疫情。比如美國流行什

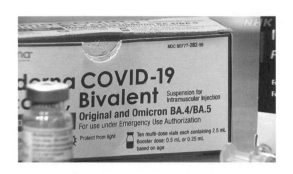

麼？此外，在其他國家流行什麼？非州、南美洲、亞洲、還是其他國家？唯一目的是定期接種疫苗，該策略是有效的。但是，如果出現新的變異病毒，治療和疫苗接種不能等到流感季節。將其等同於流感的好處是人們習慣於每年秋天定期接種流感疫苗。如果能每年定期接種一次新冠疫苗，就會產生積極的效果。

但是，在沒有準備好流感疫苗的時候，有可能感染新的變異病毒，因此需要靈活應對。像對待流感一樣對待它有好處，但也有壞處。感染 COVID-19 的人中有百分之幾到 15% 的後遺症持續數周到一年或更長時間，但確切數字不知道。這種後遺症發生的潛在機制也是未知的。目前正在進行多項研究，以了解後遺症的確切機制。仍然需要進行大量研究才能完全了解其工作原理。現在有了非常有效的疫苗，最重要的是讓盡可能多的人接種疫苗，並讓人們的疫苗保持最新狀態。

2. 佛奇退休後宣稱疫苗無用

是美國免疫學家，曾任美國國家過敏和傳染病研究所所長、白宮冠狀病毒工作組成員及總統首席醫療顧問，曾參與愛滋病和 H1N1A 型流感以及 COVID-19 等傳染病的防治研究。

中時新聞網，2023 年 2 月 18 日刊登了筆者投稿文章，內容如下：
海納百川：疫苗無用論 佛奇大翻盤（江晃榮）
言論熱門新聞
安東尼・史蒂芬・佛奇（Anthony Stephen Fauci）

　　佛奇於 2022 年年底退休，但卻在 2023 年 1 月發表論文全面否定現有疫苗功效，並宣稱還要研發下一代有效疫苗，而比爾・蓋茲（Bill Gates）也配合預測下一場大疫情，並開發新的「吸入性阻滯劑疫苗」，佛奇這篇論文先否定目前疫苗，是為新疫苗開發找藉口，沒完沒了的一代接一代疫苗上市，藥廠賺飽，受害的是受疫苗有用論洗腦的民眾。

　　佛奇在過去一直鼓吹疫苗好處，自己打了 4 劑疫苗仍確診，依學術期　審查流程，此篇論文應在 2021 年底就撰寫完成投稿，當時全球疫情仍嚴重，佛奇昧著良心玩兩手策略，一方面叫人打疫苗，另一面卻準備疫苗無用論論文，目的何在，為藥廠圖利潤？大家心知肚明！佛奇的言論主導全球各國疫苗政策，台灣亦然，疫情指揮中心的陳時中們必需出面解釋。佛奇論文很長，分兩部分，本文僅先說明前段疫苗無效論部

Cell Host Microbe.（細胞宿主微生物）2023 Jan 11; 31(1): 146-157.

Published online 2023 Jan 11.

Rethinking next-generation vaccines for coronaviruses，influenza respiratory viruses

（重新思考下一代冠狀病毒、流感呼吸道病毒疫苗）

分，由於論文涉及專業，為了讓普羅大　明瞭，特以簡易語言並加註一些內容補充說明，但並沒歪曲原論文內容。

　　論文摘要指出，在人類呼吸道粘膜中複製但不會感染全身的病毒，包括 A 型流感、SARS-CoV-2（新冠肺炎的病毒）、地區性冠狀病毒、呼吸道融合病毒（Respiratory Syncytial Virus, RSV）和許多其他「普通感冒」病毒，會導致顯著的死亡率和發病率，是重要的公共衛生課題。由於這些病毒本身通常無法誘發完整且持久的保護性免疫功能，因此到今天為止沒有疫苗能有效控制病毒，包括已獲正式許可或正實驗中的疫苗在內。

　　（作者為生化博士）

　　佛奇這篇論文主要是談到下一代新疫苗研發的問題，所以要先提出目前疫苗無用論，曾主導美國並影響全球疫苗政策的佛奇否定目前疫苗功效，佛奇曾說中國國產疫苗不很有效應，應提供民眾高效疫苗，目前大翻盤提到全球需發展下一代疫苗（next-generation vaccines），目的只有一個：藥廠長達三年大賺新冠肺炎病毒疫苗財還不夠，靠更有效下一代新疫苗繼續撈錢！

2. 目前主要傳染病病原體——冠狀病毒

新冠病毒英文是 COVID-19，語源來自代表冠狀（corona）的 CO、代表病毒（virus）的 VI 和代表疾病（disease）的 D 所組成，19 則代表 2019 年。但日本則稱為「新型コロナウイルス感染症」，但日本將從 2023 年 5 月 8 日開始，將新冠病毒感染症降級，降為與一般流感同級的第 5 類傳染病；同時，為了因應降級，也要把目前的病名改掉。

由於新冠病毒目前的變種變得更輕，因此除了要降為第 5 級傳染病。日本「厚生勞動省」也將「新型冠狀病毒傳染病」，改名為「冠狀病毒傳染病 2019」，去掉「新型」兩字，而符合世衛組織「covid-19」病名的漢字版本。所以冠狀病毒傳染病包括多種疾病，而新冠肺炎病毒傳染病是在 2019 年開始的，所以冠上 2019 年以示區別。

冠狀病毒疾病（coronavirus disease）是由冠狀病毒引起的人類或動物的病。

人類冠狀病毒引起的感染包括四種人類冠狀病毒（HCoV-229E、HCoV-OC43、HCoV-NL63、HCoV-HKU1）引起的普通感冒和以下三種導致嚴重肺炎的新興傳染病：嚴重急性呼吸系統綜合症（SARS），這是由 SARS 冠狀病毒（SARS-CoV）引起的感染，2002 年 11 月出現首例。中東呼吸綜合症（MERS）——由 MERS 冠狀病毒（MERS-CoV）引起的感染，2012 年 9 月出現首例。新型冠狀病毒病（COVID-19）——由 SARS 冠狀病毒 2（SARS-CoV-2）引起的感染，首例病例於 2019 年 12 月發現。還有許多由動物冠狀病毒引起的感染非人類哺乳動物和鳥類的

傳染病。

冠狀病毒具有高度物種特異性，一般不會感染其他物種，至 2020 年，COVID-19 被推定並歸類為人畜共患疾病，但確切的宿主和傳播途徑尚不清楚。冠狀病毒是以單鏈正鏈 RNA 為病毒基因組的有包膜病毒。

人類冠狀病毒 229E（HCoV-229E, Human coronavirus 229E）是一種感染哺乳動物，包括人類和蝙蝠的病毒，也是一種有包膜的單鏈正鏈 RNA 病毒。它與人類冠狀病毒 OC43 都是引起感冒的病毒之一。與人類冠狀病毒 OC43 共同於 1960 年代感染人類首次被發現，是一種極其普遍存在的普通感冒病毒，通常不會引起嚴重疾病。可感染所有年齡段的人，但在 5 歲以下的兒童中更為常見，此外，在 2000 年代以來的一些研究中，感冒樣冠狀病毒中的頻率相對較低。人冠狀病毒 OC43（HCoV-OC43, Human coronavirus OC43）是一種感染人類的冠狀病毒，會引起人類普通感冒。與其他人類冠狀病毒相比，OC43 對神經細胞的侵襲性報導較多，人類冠狀病毒 OC43 是 1889 年至 1895 年間在全球造成 100 萬人死亡的流感「俄羅斯感冒」導致這次流行的流感病毒尚未確定，但 H3N8 流感病毒和其他病毒已被列為罪魁禍首。

與 MERS 冠狀病毒類似，人類冠狀病毒 NL63（HCoV-NL63, Human coronavirus NL63）被認為是從駱駝演化而來感染人類，是一種引起人類呼吸道感染的冠狀病毒。2004 年在荷蘭一名 7 個月大的病毒性毛細支氣管炎嬰兒中被發現，與呼吸系統疾病有關，主要發生在嬰兒、老年人和免疫功能低下的患者中，並引起季節性感冒。

　　儘管該病毒於 2004 年被發現，但據估計該病毒已在人群中傳播了幾個世紀。人類冠狀病毒 HKU1（HCoV-HKU1, Human coronavirus HKU1）是一種 RNA 病毒，當人類被感染時，會出現感冒症狀，如果病情惡化，則會發展為肺炎和支氣管炎。

　　這是一種有包膜（膜結構）的單鏈正鏈 RNA 病毒，於 2005 年 1 月在兩名香港患者身上被發現，隨後的研究發現，這種疾病已經在世界傳播，而且之前也有過病例。冠狀病毒中的英文「Corona」是什麼意思？「Corona」在希臘語中是皇冠的意思，畫太陽的時候，不是在圓圓的太陽周圍畫很多線嗎？這些線也被稱為光冠（corona）。冠狀病毒因其類似於日冕形狀的尖刺而得名。在日全食期間，當太陽完全被月亮遮住時，肉眼實際上可以看到日冕。

　　為什麼叫「新」？

　　因為它確實是「新」的。自蘇格蘭女醫生瓊‧阿爾梅達（June Almeida）於 1964 年首次發現以來，人們就已經知道了各種冠狀病毒，

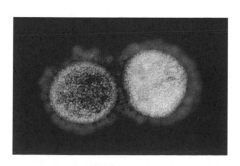

‧電子顯微鏡下的新冠病毒

但新型冠狀病毒是在 2019 年 12 月首次發現的。

　　新型冠狀病毒的正式名稱為「SARS 冠狀病毒 2 型（SARS-CoV-2）」，由國際病毒分類委員會於 2020 年 2 月命名。由於「MERS（中東呼吸綜合症）」的病名給中東地區留下了不好的印象，WHO 因此使用「COVID-19」作為「SARS 冠狀病毒 2」引起的傳染病的名稱。

二、生化武器的過去、現在

冠狀病毒是生化武器—削減人口大陰謀

　　生化武器（biochemical weapon）是利用細菌、病毒及其產生的毒素來對付人類和動物的武器。1925 年的國際法（日內瓦議定書）禁止使用，使用生化武器的戰鬥被稱為生物戰，歷史上許多國家以研究醫學、細菌學和生化武器防禦方法為藉口，秘密研製生化武器。

　　核武器、生化武器、化學武器統稱為大規模殺傷性武器，若將這三個首字母簡稱為 NBC 武器或 ABC 武器。發展核武器離不開先進的技術和設施，而化學武器也需要大規模的設施和原材料，才能製造出足夠數量的武器。另一方面，一些生化武器不需要大型設備就可以透過一定的知識和技術製造出來。

　　生化武器與化學武器的主要區別在於，生化武器即使被感染也不會立即出現效果，並且可以在人與人之間感染，感染的方法和傳染性因地而異，但大多數生化武器都是從一種生物體感染另一種生物體。化學武器由於附著的化學武器的風力和蒸發的影響而造成二次傷害，但基本上

傷害僅限於被噴灑的周圍區域，並隨著時間的推移自然消失。

　　將病原體用於恐怖主義的生化武器事件的例子包括 2001 年美國的炭疽事件，以及日本 1993 年奧姆真理教的龜戶氣味事件（使用炭疽未成功），以及 1995 年該邪教組織噴灑肉毒桿菌（同樣沒有成功）。

　　生化武器古代即有，在古希臘雅典人將一種名為藜蘆的有毒植物投入基爾哈的水源中，導致居民嚴重腹瀉，雅典人得以入侵。拜占庭人在他們的城牆內使用昆蟲炸彈，將蜜蜂釋放到隧道中以抵禦敵人，並投擲含有蠍子的炸彈。

　　1348 年，蒙古軍隊在熱那亞的港口城市卡法投放病患屍體作為生化武器，傳播瘟疫（黑死病），1710 年，瘟疫在愛沙尼亞的列巴爾（Reval）蔓延，1763 年 6 月，在龐蒂亞克（Obwandyag）叛亂中曾分發被天花污染的毯子和手帕，稱將「消滅可惡的種族」。此外，據說美國獨立戰爭期間天花的爆發也是細菌戰。

　　炭疽病（anthrax）是生化武器之一，炭疽桿菌非常容易處理，在發芽之前對各種化學藥品和紫外線都有很強的抵抗力。在感染肺部的吸入性炭疽菌的情況下，死亡率高達 90% 左右。正因如此，炭疽茵一直被視為典型的生化武器，炭疽作為武器的缺點是它不具有傳染性，不能在人與人之間傳播。另一方面，即使使用武器的一方前進到使用地點也不會受到傷害，這也是一個優勢。天花病毒是另外一種生化武器，1980 年世界衛生組織宣佈天花已被根除，此後停止了天花疫苗接種，今天許多人對天花沒有抵抗力。即使在宣佈消滅天花後，前蘇聯仍秘密大量生

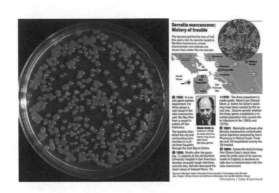

· 美軍曾對自己人做生化武器實驗！7 天感染整個
舊金山老翁「尿變詭異紅色」不治身亡。

產和儲存天花病毒作為生化武器，有人指出病毒株和生化武器技術可能
在蘇聯解體後洩露。

美國生化武器研究始於 1941 年 10 月，富蘭克林・羅斯福總統和美
國戰爭部長的領導下在印第安納州的 Terra Auto 建立了生產設施，已成
功將炭疽、Q 熱（Q Fever）、布魯氏菌（brucella）、肉毒桿菌（Clostridium
botulinum）、兔熱病（Tularemia）和馬腦炎病毒（Equine Encephalitis,
EE）大規模生產和武器化。

正式名稱是關東軍防疫供水部司令部，731 部隊的名稱是滿洲 731

· 歷史上最著名的生化武器是第二次世界大戰日本的 731 部隊。

部隊的簡稱，是其秘密名稱。在 1941 年 3 月之前稱為石井部隊，以其
指揮官石井四郎的姓氏命名。總部設在滿洲里（中國東北），主要任務
是為士兵預防傳染病並為此研究衛生供水系統。731 部隊以研製生化武
器和研究治療方法為目的，未經當事人同意，進行了不人道的人體實
驗，這一區域當時是日本控制下的滿洲國的一部分。一些研究者認為至
少 10,000 名中國人、蘇聯人、朝鮮人和同盟國戰俘在 731 部隊的試驗
中被害。戰後，石井四郎表示，醫學研究中有些事情在日本做不了，建
哈爾濱的研究機構就是為了做這些事，主要是指人體實驗。

　　731 部隊將「作試驗」之人員（叫原木）關押在秘密監獄裡，進行
鼠疫、傷寒、副傷寒、霍亂、炭疽等幾十種細菌實驗，還進行凍傷、人
血和馬血互換、人體倒掛等實驗，甚至進行活體解剖，並與化學部隊共

同進行毒氣實驗。傳統生化武器有細菌類戰劑，主要有炭疽桿菌、鼠疫桿菌、霍亂弧菌、野兔熱桿菌、布氏桿菌等。病毒類戰劑，主要有黃熱病毒、委內瑞拉馬腦炎病毒、天花病毒等。立克次體類戰劑，主要有流行性斑疹傷寒立克次體、Q 熱立克次體等。披衣菌（Chlamydia）戰劑及毒素類戰劑，主要有肉毒桿菌毒素、葡萄球菌腸毒素等皮真菌類生物戰劑等。

　　1980 年代有了基因重組技術（即遺傳工程）後更出現了人造生化武器新興病毒，典型例子是冠狀病毒（如 SARS 及新冠病毒）。

三、新興病毒是人造生化武器

　　冠狀病毒是新興病毒的一種，其中 SARS 及新冠病毒可能是中共人造生化武器。

　　2017 年中國在武漢啟用一座專門研究全球高傳染病毒的研究所，是生物安全級別 P4 級的實驗室（安全四級，可從事致病性微生物實驗），全世界總共有 54 個生物安全級別 P4 級的實驗室，武漢是中國唯一一所，而且距離「華南海鮮市場」僅有 32 公里，與新冠肺炎疫情發源地相近。

　　「武漢病毒研究所」專門研究 SARS 與伊波拉病毒；由於中國的法規相較歐美鬆散，「武漢病毒研究所」能夠進行動物試驗（animal testing）。法國是全球病毒研究領域的領先國家，1999 年，法國就在里昂設立了全歐洲規模最大的病毒研究中心，2003 年，中國科學院就向法國政府提出協助中國開設同類病毒研究中心的要求。中方的要求在法國

曾經引發法國政府以及病毒專家們之間的分歧，因為儘管中國病毒中心可以打擊突發傳染病，但法國有專家擔心中方會使用法國提供的技術來研製生化武器，法國情報部門當時向政府提出嚴正警告。但是在時任總理拉法蘭的支持下，中法雙方終於在 2004 年簽署了合作協定，法國將協助中國建設 P4 病毒中心，但協定規定北京不能將此技術用於攻擊性的活動。該協議在簽署時就曾經引發爭議，之後行政部門百般阻攔。遠在武漢病毒研究所成立之前就曾由中國爆發冠狀病毒流行即嚴重急性呼吸道症候群（Severe Acute Respiratory Syndrome，縮寫為 SARS），是非典型肺炎的一種，致病原是 SARS 冠狀病毒（SARS-CoV），「SARS」一詞在亞洲各地有不同習慣稱呼，中國大陸慣稱為「非典型肺炎」，並簡稱「非典」。2002 年，該病在中華人民共和國廣東順德首發，並擴散至東南亞乃至全球，稱為 SARS 事件，疫情共擴散至 29 個國家，超過 8000 人感染，其中 774 人死亡。

　　俄羅斯醫學科學院院士卡雷辛柯夫在 SARS 疫情大規模爆發初期就斷言，這是一種生化武器，極可能是從實驗室裡流出來的，科學依據是 SARS 冠狀病毒是麻疹病毒與流行性腮腺炎病毒的混合體，而這種混合病毒只有在實驗室裡才可能培育出來，在自然環境中根本不可能發生，由 SARS 冠狀病毒外觀也可得知，因非常漂亮又完美，很不可能是天然的。

　　2015 年出版了中國軍事教材專書《非典非自然起源和人制人新種病毒基因武器》，這是由中國知名流行病學專家徐德忠與曾參與抗 SARS

的醫學博士李峰共同撰寫，內容除了探討 SARS 冠狀病毒起源外，還論及將 SARS 冠狀病毒武器化，以及預測第三次世界大戰將以生化武器形式出現。可見由 SARS 冠狀病毒事件得知「基因武器的新時代」，已來臨，病毒能透過「人為操縱」的方式被改造為新興的人類疾病病毒，進而成為武器，並以前所未見的方式施放出來

SARS 病毒應是中國的生化武器，大多數感染人類的冠狀病毒都是源自蝙蝠病毒，武漢（新冠）肺炎病毒是也來自中國解放軍刻意人為改良的舟山蝙蝠病毒，準備當作生化武器用。武漢（新冠）肺炎病毒的基因辨識出即為解放軍發現的「舟山蝙蝠病毒」，而且判定武漢華南水產中心是刻意遭到放毒。2003 年的 SARS 病毒後來在 2013 年也被發現來自於雲南蝙蝠病毒，其中一個證據就是 RDRP（RNA-dependent RNA polymerase）基因（作用是適應宿主的細胞），SARS 與雲南蝙蝠病毒在此基因相似度達到 87％到 92％，而武漢（新冠）肺炎病毒與舟山蝙蝠病毒基因對比相似度達 95.7％。

武漢（新冠）肺炎的病毒，就是來自於中國軍方於 2018 年在舟山蝙蝠身上發現並分離的新型冠狀病毒，其病毒序列可以在美國國家衛生研究院（National Institutes of Health, NIH）的基因資料庫找到，當年，由南京軍區軍事科學研究所撰寫研究論文，還收錄在國際知名病毒期刊 Emerging Microbes & Infections（EMI）中。當中國把正確的武漢（新冠）肺炎病毒交給世界衛生組織之前，外界尚未知道來自於舟山蝙蝠病毒時，長期為中國官方發聲、帶風向的《財新網》，突然出現一篇香港

專家袁國勇指稱是舟山蝙蝠病毒，再由來自中國內陸的香港大學教授朱華晨出面否認。

在中國提交正確的病毒基因序列之前，《財新網》報導的目的就是帶風向，讓人從一開始就排除掉舟山蝙蝠病毒。而爆料的中國內部科學家說，當時就是看了《財新網》報導，去查基因資料庫，發現什麼都查不到，直到中國交出正確的基因序列為止。

此外，為何中國官方運作刻意隱瞞舟山蝙蝠病毒？跟最早案例來自華南水產市場有關，由於華南水產市場並沒有買賣舟山蝙蝠，食用舟山蝙蝠，因此這個病毒可能是人為散佈在水產市場中，若被外界發現武漢肺炎是舟山蝙蝠病毒，將難以自圓其說。另外，武漢也有專門研究 SARS 和伊波拉等危險病原體的中國科學院武漢國家生物安全實驗室（P4 等級實驗室），更引起外界對病毒來自中國本身的懷疑，但究竟是人為還是失控的意外，目前尚未有直接的證據。科學分析結果表示，武漢（新冠）肺炎病毒似乎是蝙蝠冠狀病毒與起源未知的冠狀病毒之間的重組病毒。重組發生在病毒突刺糖蛋白內，該蛋白可識別細胞表面受體。此外，該研究結果表明，與其他動物相比，基於蛇的 RSCU 偏差類似，RSCU 是同義密碼相對使用度（Relative synonymous codon usage）蛇是武漢（新冠）肺炎病毒最有可能使該病感染爆發的野生動物庫。武漢（新冠）肺炎病毒的突刺糖蛋白內的未知來源的同源重組可能有助於從蛇到人的跨物種傳播。

由動物身上的冠狀病毒，到人體傳播的冠狀病毒，沒有外力操控是

不可能達到如此程度的演化的。美國眾議院共和黨的研究團隊於 2021
年 8 月 2 日公佈武漢肺炎（新型冠狀病毒病，COVID-19）溯源最新報告，
指稱「證據優勢」（preponderance of evidence）顯示，中國科學院武漢
病毒研究所改造病毒外洩，造成疫情蔓延。報告羅列出關鍵人物和相關
事件發生時間點，包括武漢病毒研究所所長王延軼、武漢國家生物安全
四級（P4）實驗室主任袁志明、中國病毒學家石正麗等人；疫情最早傳
播時間等等。報告結論指出，武肺病毒就是由武漢病毒研究所在 2019
年 9 月 12 日之前的某個時候意外釋放的；病毒之所以外洩，是因為實
驗室安全標準不合格。該病毒不久後在 2019 年 10 月 18 日，於正好在
武漢舉辦的「世界軍人運動會」傳散，進而把病毒蔓延到其他國家去。
中文版報告下載地址：https://docs.voanews.eu/zh-CN/2021/08/07/72135fef-
0add-4ab0-adcc-f71b9ddabe24.pdf
英 文 報 告 下 載 地 址：https://gop-foreignaffairs.house.gov/wp-content/
uploads/2021/08/ORIGINS-OF-COVID-19-REPORT.pdf

　　由於美國曾提供經費給中國武漢病毒研究所，所以有此一說：新
冠病毒是作為生物武器進行基因工程改造的，源自美國北卡羅來納州
BSL-3 實驗室（The Biosafety Level 3, BSL3, laboratory）。生物安全 3
級（BSL3）實驗室是一個受控環境設施，用於處理和控制植物病害和
昆蟲，人工氣候室經過精心設計，可維持 BSL3 實驗室的運作並監督研
究人員開展的項目。病毒是由「深層政府」從北卡羅來納州傳播到中國、
意大利以及全美國的。

經過美國記者團隊艱苦卓絕的努力，終於追溯到了新冠肺炎零號病人。

這個零號病人，果然就是曾參加武漢軍運會的美國軍人，她的名字叫 Maatje Benassi，這位美國女軍官的背景非常特殊，她跟美軍德特裡克堡 P4 生化實驗室（Fort Detrick P4 Biochemical Laboratory）有密切關係，其家族已有多人確診，其中一位還是荷蘭第一個確診病例，確診前去過意大利倫巴第大區，導致了該區的疫情大爆發。

美國是新冠病毒發源地的証據環環相扣，武漢軍運會後專機接回的 5 位特殊士兵和美國被關閉的生化實驗室，有了實質性的關聯。

可以確定的是，新冠病毒是生化武器，

而且與美、中、法三國有關。

四、政府與藥廠、財團的勾結

一直以來政府與藥廠、財團的勾結是西方醫學不能說的秘密，最近的新冠肺炎疫情，在疫苗、快篩試劑與治療用藥方面，此種勾結更發揮到極致。

先以大家熟知的癌症為例說明之。全世界企業一般公認利潤最高行業有三種，即石油產品、軍火與藥品，而台灣人流行語中最好賺行業第一是賣冰，第二是作醫生。

長久以來醫藥界及醫療器材業與醫院及醫生就是利益共生體，這是

眾所皆知的事，大多數醫生會讓曾經有某些「症」而吃藥的人告訴所有周遭人，這種「症」是多麼嚴重的「病」。

藥廠也會提供研究經費給知名大學的醫生，或是教授做研究。教授升等需要研究報告，藥廠也需研究報告證明藥物有效，這是共生結構體。更何況全世界大部分國家都有全民健保制度，全體民眾交的錢，醫生豈有不想多撈的理由！

癌症英文叫 cancer，也是螃蟹的英文，癌細胞與螃蟹一樣都會橫行無阻而且堅硬，這是由古希臘文 karbinos 演變而來，原意是蟹的意思，另一螃蟹希臘文為 karkata，另依印歐語系，karkar- 是加倍之意，更原始的意思 kar-，則是指硬和堅固，相關語 karbinos，Sans karkara 也是指粗糙、堅硬。因此癌症是惡性腫瘤，早在拉丁文就記載了，古代的醫生摸到了腫瘤，第一個印象就是硬的異物，就取名為 cancer，螃蟹也是有堅固的外殼而得名，事實上印歐語系都是一樣用堅固來形容螃蟹。

在西洋占星學上 cancer 是指巨蟹座，這是一個在雙子座跟獅子座的星座，也是黃道第四宮，是由六月二十一日時開始，而北回歸線英文也是 tropics of cancer；地球會偏轉，當太陽會直射北回歸線，剛好是黃曆的巨蟹宮。

依中醫最基本的理論，症出現於四肢五官，而病存於五臟六腑。西方醫學中「症」是表面的現象，就如發燒、頭痛、咳嗽只是感冒症狀，而「病」則是因為身體內部的器官、細胞有了問題而導致。

也就是說症狀（symptom）是描述身體狀況的很重要的指標參數之

一，是指「來自病人的主觀感受」，較為人熟知的症有憂鬱症、過敏症、失眠症、乾眼症及四肢無力症等。

英文的 symptom，字根來自於希臘文 σύμπτωμα，意思是「降臨在身上的不幸與惡運」。疾病（disease）是人體在一定原因的損害性作用下，因自我調節混亂而發生的異常生命活動過程。所以疾病是一定的原因造成的生命不正常狀態，在這種狀態下，人體的形態，功能發生一定的變化，使得正常的生命活動受到限制或破壞，遲早會表現出可覺察的症狀，這種狀態的結局可以是恢復正常或長期殘存，甚至導致死亡。

許多「疾病」，西醫不能確定其原因，只能把它稱為「症」，或是「症候群」由於「病」「症」難分，所以症也成為病的另一用語，西醫會告知需不斷檢驗及長期用藥，所以醫生及藥廠是這種科學騙局下最大受益人，兩者互相勾結成為「發明疾病的元兇」。

以目前流行病之一的「憂鬱症」為例，醫生的收入與藥廠的收入是一體的。醫生會告訴憂鬱症病人，這種病不能根治，只能長期吃藥？因為一旦憂鬱症病人痊癒不用再吃藥之後，醫生與藥廠的收入勢必減少。在目前健保制度下，讓醫生能藉由開藥量來增加收入，而屬於精神科範圍的「憂鬱症」根本沒有客觀具體的科學根據，理論上憂鬱症可能是腦部血清素不足的緣故，血清素（又叫血清張力素，serotonin，又稱 5- 羥色胺和血清胺，簡稱為 5-HT）為單胺型神經遞物質，可是憂鬱症並不需要抽取腦部液體檢驗證明就可以開藥，一般病人也不會問醫生，為何叫憂鬱「症」而不叫憂鬱「病」？更不會有人沒問醫生，為何不抽血或

做其他檢查，看是否某個器官出了問題，才會得憂鬱症。

更可怕的是抗憂鬱症藥劑「會引發自殺念頭以及暴力行為」，美國食品藥物管理局已規定藥廠須將此警告標語印在藥物包裝紙盒上，可是台灣卻不必，所以憂鬱症患者自殺非死於憂鬱症本身，真正的元兇是抗憂鬱症藥劑，也就是醫生及藥商。

長期以來錯誤的科學教育誤導民眾，生病一定要看醫生，吃藥才是對的，其實症與病應分開思考，很多症的治療西醫是無能的，癌症是其中之一，因為癌症是症而非病，西醫自己都承認此點，只有民眾也受偏差宣導而一直誤信癌症得靠西醫才有救！

到目前為止引發癌症的真正原因並不知，所以癌只是一種症狀而非病因，目前西醫只是針對癌的症狀下手，用割，殺，切各種方式來消除症狀，結果根本原因不清楚，更談不上去處理，更何況癌細胞本身也有生命，生命間不彼此尊重和平相處，反而以打壓方式，結果導致病人免疫力下降，有多少癌症病患在西醫治療摧殘下最後痛苦的死於開刀，放療，化療，甚至於標靶治療。

懷疑自己有癌症病患初到醫院，醫生就開始作一連串檢驗，很多人在尚未完成檢驗工作時就死於檢驗臺上，而最大獲利者當然是醫生，醫院及醫療器材商。

接著所有治療癌症方式都有很大副作用，當然醫生會想盡辦法安撫病人，靠西醫治療存活超過五年的病人當然有，但存活的人卻需帶著痛苦的後遺症，更何況且有更多人死於西醫治療過程。

　　而對於新冠疫苗，在政府及媒體推動下，美國輝瑞公司 2021 年靠新冠疫苗 BNT 大賺 368 億美元，成為單年銷量最高的藥品，總收益翻倍至 813 億美元，非政府組織 Global Justice Now 批評這樣的年收入超過大多數國家的 GDP，並指責輝瑞「敲詐公衛系統」。

　　輝瑞 2021 年淨利近 220 億美元，高於 2020 年的 91 億美元，2022 年將靠疫苗賺約 350 億美元、口服藥「Paxlovid」約 220 億美元，年收入將破紀錄達 980 億至 1,020 億美元。

　　輝瑞 2021 年已超過生產 30 億劑疫苗的目標，2022 則超過年能生產 40 億劑，口服藥已獲得 40 個國家緊急使用授權（EUA）。

　　但輝瑞卻被控沒有分享疫苗配方，讓貧窮國家的藥廠能夠生產更便宜的疫苗，mRNA 疫苗應該要徹底變革全球應對新冠肺炎，輝瑞卻拒絕向全球大部分地區分享這項重要的醫療創新，同時以超高價格敲詐公衛系統。

　　根據另一分析報告，美國輝瑞大藥廠、BioNTech 和莫德納，因研發的疫苗高度成功，三家公司平均日賺 9350 萬美元（約新台幣 26 億元），而貧窮國家仍有許多人未接種疫苗。

　　「人民疫苗聯盟」（People's Vaccine Alliance）表示，這三家公司將大部分的 COVID-19（2019 冠狀病毒疾病）疫苗賣給富有國家，卻對低所得國家棄而不顧。

　　根據三家公司的財報數據估算，2021 年稅前獲利總計 340 億美元，換算後相當於每秒賺逾 1000 美元，每分鐘 6 萬 5000 美元，或每天 9350 萬美元（約新台幣 26 億元）。

　　全球疫情下各大藥廠大賺疫苗災難財，據《福斯商業新聞》（Foxbusiness）資料，藥廠輝瑞（Pfizer）和 BioNTech 在疫情下推出疫苗的營收，將達 150 億美元，莫德納（Moderna）為 184 億美元、嬌生（Johnson&Johnson）子公司楊森製藥（Janssen）為 100 億美元，輝瑞和 BioNTech 的武漢肺炎疫苗，為首個獲得美國食品藥品監督管理局（FDA）緊急使用授權的疫苗，其有效性達 95％，在美國獲得的疫苗總劑量中，約超過 4680 萬劑。據輝瑞的最新收益報告，該公司將和 BioNTech 均分疫苗利潤，疫苗在 2021 年，為兩公司帶來 150 億美元的營收。輝瑞和 BioNTech 的疫苗需要施打兩劑，其在美國的售價為 39 美元、歐盟為 28 英鎊。

　　第 2 批獲得 FDA 緊急使用授權的疫苗，為莫德納疫苗，其有效性達 94.5％，美國約獲得超過 4490 萬劑。莫德納在其第 4 季的收益報告

中指出，預計其疫苗營收將達 184 億美元；該公司的目標，是在 2021 年交付 10 億劑疫苗，在 2022 年交付 14 億劑。而需要施打兩次的莫德納疫苗，其在美國要價 30 美元，在歐盟為 36 美元。

嬌生子公司楊森製藥的疫苗也獲得 FDA 的緊急使用授權，其在預防成為中度與重度病患的效力達 66％，楊森製藥在 2021 年生產 10 億劑疫苗用於全球分銷，預計其將帶來高達 100 億美元的營收。

藥商大賺錢，而背後有無官商利益勾結呢？

五、削減人口大陰謀——比爾蓋滋的理論

1995 年 9 月 27 日，在美國舊金山曾召開秘密的「費爾蒙特飯店（The Fairmont Hotel）會議」，該會議認為：由於世界人口的過剩，世界將分化為 20% 的全球精英和 80% 的人口垃圾。

方法有二，一是採用茲比格涅夫‧布熱津斯基（Zbigniew Brzezinski，美國總統卡特的前國家安全顧問）的「餵奶主義」（tittytainment）戰略，即「棄置和隔絕那些無用而貧窮的垃圾人口，不讓他們參與地球文明生活的主流。僅由 20% 精英將一些消費殘渣供給他們苟延殘喘。」

其二是設法逐步用「高技術」手段消滅他們。

這個會議的參加者有之後的美國總統布希、英國首相佈雷爾、微軟

總裁比爾・蓋茨、未來學家奈斯比特和新保守主義大師布熱津斯基等。

先進國後來實施的政策與這次會議究竟有多大關係不得而知，但是美英等國的政策效果似乎正在印證這次會議的共識。

所謂「高技術」手段是現代科學技術，包括「乾淨」核子技術，遺傳基因武器技術以及生化武器技術等。也就是說，現在已可以使用表面較「人道」的方式而不是血腥、大規模地消滅劣質人口和文明。

2015 年，微軟創辦人比爾・蓋茲就曾語重心長提醒大眾：「未來幾十年內，如果有什麼東西可以殺死上千萬人，那可能是種有高度傳染性的病毒，不是戰爭、不是導彈，而是微生物。」但當時沒有引起太多關注。2022 年 4 月底，他在 12 分鐘的演講中再度以前瞻的眼光，提出一個阻止下一場大流行傳染病的解決方案，希望在世衛組織及各國政府的幫助下，共同實現這一目標。

首先他以古羅馬的消防員如何滅火的故事，帶入當今人類對火災以應對自如，而與病毒的這一役，或可從中「比照辦理」。「西元 6 年，一場大火摧毀了羅馬。應對此次火災，皇帝奧古斯都（Emperor Augustus）做了一件在帝國歷史上從未做過的事，他創建了一個永久性的消防團隊，用著像這樣的水桶。」演講臺上還真擺了一個木桶。

「奧古斯都意識到，個人無法保護自己免受火災的威脅，人們需要群體的幫助，一幢房子若不幸著火，就會給他人的房子帶來風險。在這幾年，我們見證的就如一場可怕的全球火災。新冠疫情已導致數百萬人死亡並破壞了經濟，我們不希望再重蹈覆轍。」蓋茲認為新冠肺炎的可

怕程度怎麼說都不過分，它加劇了富人和窮人之間的健康不平等，你的倖存機率和你的收入、種族和居住地密切相關。「我們應該抓住這個機會創造一個讓所有人都有機會活得健康、充實的世界。並且不用擔心下一次疫情影響生活，」

　　若人類走對下一步棋，新冠肺炎可成為最後一場大流行病。走對下一步棋先從滅火得到啟發。隨著時間的推移，人們變得擅長預防大火災，防火有著充足的預算資金，如果火警現在響了，所有在場觀眾都知道，我們應有序走向安全出口，在外面等待指令。

　　「我們清楚救援馬上會到，因為我們有很多訓練有素的消防員，單美國就有超過 37 萬專職消防員，這個數字比我想像的還要多。我們很容易獲得大量的水，美國差不多有 900 萬個消防栓，」

　　總結來說，蓋茲倡議投入鉅額資金、大量訓練專業人士、完善的系統，是人類來對抗大流行的必要條件。而且全世界必須建立一個新團隊，這個團隊叫「GERM」，四個字母分別代表全球（Global）、流行病（Epidemic）、反應（Response）和動員（Mobilization）。這是一個全職小組，他們唯一的重點職責是在全球傳染病的早期控制，把病毒扼殺在搖籃裡，甚至更早更快，這個效率取決於這些專家日常的訓練強度和頻率。GERM 由來自不同領域各種專家組成：流行病學家、資料科學家、組織專家等。這支隊伍不僅僅有科學或醫學知識，還具有溝通和外交能力。

　　除了人，世界還需要「防疫神器」。蓋茲在臺上從木桶裡拿出一個

小的檢測機器，叫做「Lumira」。有了，可以在世界任何地方檢測多種傳染病的病原體，而且比 PCR 檢測更快捷，成本卻只有十分之一，幾乎可以在任何地方使用。另有一種吸入式藥物可保護人們免受傳染，同時不依賴病原體，就能觸發人體的免疫系統實現保護力。

還有疫苗，不但在這場流行病中發揮了奇蹟般的作用，還拯救了百萬生命。不過，蓋茲認為疫苗還有進步的空間：「我們需要投資研發更容易提供的疫苗，如手臂貼片或鼻腔噴霧。我們需要可以阻斷感染的疫苗，因為還是有不少人是突破性感染。」

蓋茲的結論是「如果我們走對棋，我們可以讓新冠肺炎成為最後的大流行病，我們也可以為所有人建造一個更健康、更公平的世界，」蓋茲下了一個結論說。

比爾蓋茲捐了 1.5 億美金給 WHO，要幫助研發疫苗與防疫，此舉卻也引發在白宮連署網站指控他「反人類罪」，意圖減少人口成長。有網友在美國白宮連署網站發起提案，呼籲針對「比爾及梅琳達・蓋茲基金會（Bill & Melinda Gates Foundation）」進行醫療事故與反人類罪的調查。武漢肺炎的大流行期間有許多問題沒有得到解到解答，包含在武漢舉行的世界軍人運動會，質疑從那時起全球就有許多疫苗與生物追蹤被推動與研發。

比爾蓋茲曾說：「希望透過疫苗接種，讓人口成長率減少 10% 到 15%」，同時指稱比爾蓋茲夫妻的基金會在資助研究的疫苗，聯合國兒童基金會和 WHO 已被公開指控，在非洲的破傷風疫苗中偷偷加入 HCG

（類絨毛膜性腺激素）抗原，該抗原可能導致不孕症，指比爾蓋茲資助疫苗研發是為了消滅人口。

事實上，比爾蓋茲確實認為人口急速成長是需要被處理的問題，尤其在非洲貧困地區最為嚴重，也曾說避孕會是當地最重要的工作，希望透過避孕達成人口控制。

但根據事實查核組織《PolitiFact》、《FactCheck.org》，以及《美聯社》的查證報告，傳言誤解比爾該蓋茲的說法，他並沒有要透過疫苗來減少地球的人口。

上述單位的查證報告指出，比爾蓋茨所談論的是透過改善疫苗和醫療降低兒童死亡率，進而使家庭生較少孩子，降低人口增長率。因此，根據查證，流傳影片錯誤解讀比爾蓋茲的演說內容。

但包括台灣在內，全世界各國的事實查核中心，都是政令宣導中心，不實資料居多，是典型的造謠中心。

COVID-19 策略路線圖

重要資訊

推行達至「極權新常態」制度的 12 個步驟

1. 製造問題 — 炒作有類似感冒病徵的普通感冒病，即使是平時、免疫力較弱的人遇到普通感冒病菌也會病倒甚至引發併發症死亡，而普通人患感冒也是會完全康復的。

2. 製造恐慌 — 用已長年操控的主流媒體渠道每天每分每秒無間斷報導有關 COVID (Coronavirus Disease 冠狀病毒病) 的「確診」和死亡個案，但絕不提及死者都是死於本身的長期病患或併發症、以及「確診」者純粹有普通感冒病徵甚至毫無病徵的事實。同一時間大規模封鎖所有挑戰官方說法的質疑聲音、從而放大恐懼、並促使人們漸漸自願放棄自己的自由。

3. 封城 — 通過逐步封城手段達至黑暗權貴人士籌劃多年想推行的「世界性秩序重組大計劃」。內容包括: (1) 迫使所有小規模的公司倒閉; (2) 讓市場消費轉至大型和跨國企業，進一步泵大它們的財力、權力和勢力; (3) 泵大各國政府的負債規模; (4) 推廣「無現金」消費模式、取締現金。
社會和經濟自由的消失

4. 誇大「確診」數字 — 用一個根本不是用來判斷傳染病病毒存在與否的 PCR (Polymerase Chain Reaction 聚合鏈反應) 技術來判斷接受「測試」者有否「確診」，利用如此虛假的「確診」數字來製造巨大社會恐慌。繼續沿用醫療業內傳統、黑暗的賄賂手段獎勵以 PCR「測試」協助增加「確診」數字以及唱好有毒疫苗注射的醫生和相關醫療人員。

5. 利用口罩放大恐慌 — 通過推行配戴口罩的行為增加人與人之間的心理壓力，把原有的社會恐懼進一步放大。事實上、口罩根本不能阻擋任何病毒的傳播，長期配戴口罩對個人健康只有負面的影響，例如: 長期缺氧、循環吸入充滿細菌的空氣、引發支氣管肺炎徵狀、導致牙肉細菌感染等等。

6. 推行追蹤和監控 — 通過製造巨大恐慌促使人們自動放棄自身自由、接受以「維護健康」的理由接受各種監控措施、奉獻個人資料和數據，如自己的行蹤和與所謂「確診」者接觸的記錄等。
社交私隱的消失

7. 推行「健康證明通行證」制度 — 通過推行「健康證明通行證」(或安裝於智能手機上的電子版本「健康證明」) 制度限制個人行動的自由，包括上學、上班、使用不同社會或私人機構服務的權利等。使人們習慣將來可推行、具全球定位/追蹤/監控功能的超級個人電子身份制度 (「ID2020」)。
個人行動權利的消失

8. 大力推動 5G 微波網絡的發展 — 5G 網絡技術可從各類個人行動裝置 (包括已與網絡連接的家庭電器等) 高速收集龐大的私隱數據和資料。5G 網絡的高頻率微波輻射可拉低人體的血液含氧水平、觸發與肺炎類似的不適徵狀。順便歸咎於所謂的 covid 病毒病、進一步煽動社會恐慌。
自身健康權利的消失

9. 推行強迫性疫苗接種 — 強迫疫苗接種計劃其實多年來原本已是這些非為的跨國醫藥集團牟取暴厚利潤，這些跨國醫藥集團公司更加知道會受到以往實施的不公平法律保障而不需要就任何疫苗接種造成的傷亡國際上付出任何法律責任。它們推出的新產品更是含有改造人體 DNA 的有毒化學成份、經接種人士將可「被基因改造的新人類」，他們會比以前更嘉順從性、並可能終生不育。成就黑暗權貴人士欲大幅減少全球人口的巨大陰謀。
自身健康權利的消失

10. 推行「無現金」經濟模式 — 現金調查一直保障個人消費私隱。而一個去除現金的社會經濟模式會徹底擺脫此等私隱保障; 日後變遷百分百電子消費制度、相關政府人員可隨時隨地輕易地限制不合作人士的所有消費自由和權利。
個人消費權利的消失

11. 人體微晶片植入 — 把可與遠程 RFID (無線無射辨識) 技術配合的微晶片植入人體內，無間斷監視每個人的一舉一動，包括他們的活動範圍、與其他人接觸的資料、個人健康狀況、個人消費記錄等，個人私隱蕩然無存。由自願性質至強迫植入，最終所有人會被迫與人工智能系統互相連接、合併。
個人私隱的消失

12. 2030 年前完全實行「極權新常態」制度 — 「新常態」形式社會只有一小部份秘密的黑暗權貴人士而設、他們的最終目的是要建立一個全球人口數目極少、無人類意志、以高科技全方位監控的極權生存環境，裡面的人被疫苗基因改造、終端服從、被限制社交、也被植入微晶片、身體無時無刻與互聯網和人工智能系統連接、過著百分百的虛擬生活、比喻一目了然。我們便正式以進入 21 世紀極權法西斯、共產主義專政的制度。covid 只是一個煙幕。人們是時候醒覺來了!
人類精神和意志的消失

DissidentSignPosts.org

國家圖書館出版品預行編目（CIP）資料

解密外星人DNA / 江晃榮著. -- 初版.
　-- 新北市：大喜文化有限公司, 2024.04
　　面；　　公分. --（星際傳訊；STA11301）
　　ISBN 978-626-97255-6-4（平裝）

　1.CST: 外星人 2.CST: DNA重組

326.96　　　　　　　　　　　　　　113004119

星際傳訊 STA11301

解密外星人 DNA

作　　者：江晃榮
編　　輯：潘美佳
發 行 人：梁崇明
出 版 者：大喜文化有限公司
P.O.BOX：中和市郵政第 2-193 號信箱
發 行 處：23556 新北市中和區板南路 498 號 7 樓之 2
電　　話：02-2223-1391
傳　　真：02-2223-1077
E-Mail：joy131499@gmail.com
銀行匯款：銀行代號：050　帳號：002-120-348-27
　　　　　臺灣企銀　帳戶：大喜文化有限公司
劃撥帳號：5023-2915　帳戶：大喜文化有限公司
總經銷商：聯合發行股份有限公司
地　　址：231 新北市新店區寶橋路 235 巷 6 弄 6 號 2 樓
電　　話：02-2917-8022
傳　　真：02-2915-7212
初　　版：西元 2024 年 4 月
流 通 費：新台幣 400 元
ISBN：978-626-97255-6-4
網　　址：www.facebook.com/joy131499